广西高校优秀人才资助计划项目

无线传感器
网络技术及应用研究

WUXIAN CHUANGANQI

WANGLUO JISHU JI YINGYONG YANJIU

黄 帆 著

中国水利水电出版社
www.waterpub.com.cn

内 容 提 要

　　本书系统地介绍了无线传感器网络的基本理论和关键技术探究,涉及无线传感器网络的各个方面,涵盖了无线传感器网络的拓扑控制、节点定位、时间同步、路由协议、数据融合、安全技术、典型应用等,内容全面,体系完整。

　　本书可作为相关专业学生的参考用书,也可供从事相关专业的工程技术人员与研究人员以及爱好者阅读。

图书在版编目(CIP)数据

无线传感器网络技术及应用研究/黄帆著.--北京:
中国水利水电出版社,2014.5(2022.9重印)
　ISBN 978-7-5170-1907-7

　Ⅰ.①无… Ⅱ.①黄… Ⅲ.①无线电通信-传感器-
研究　Ⅳ.①TP212

中国版本图书馆 CIP 数据核字(2014)第 075564 号

策划编辑:杨庆川　责任编辑:杨元泓　封面设计:崔　蕾

书　　名	无线传感器网络技术及应用研究
作　　者	黄 帆 著
出版发行	中国水利水电出版社
	(北京市海淀区玉渊潭南路 1 号 D 座 100038)
	网址:www. waterpub. com. cn
	E-mail:mchannel@263. net(万水)
	sales@mwr.gov.cn
	电话:(010)68545888(营销中心) 、82562819(万水)
经　　售	北京科水图书销售有限公司
	电话:(010)63202643、68545874
	全国各地新华书店和相关出版物销售网点
排　　版	北京鑫海胜蓝数码科技有限公司
印　　刷	天津光之彩印刷有限公司
规　　格	170mm×240mm　16 开本　14 印张　175 千字
版　　次	2014年6月第1版　2022年9月第2次印刷
印　　数	3001-4001册
定　　价	42.00 元

前　言

　　无线传感器网络是近年来迅速发展并受到普遍重视的新型网络技术,它的出现和发展对现代科学技术产生了极其深刻的影响,也显著地改变了人们的观念。与传统的网络不同,无线传感器网络将现代通信技术、微型传感器技术以及网络技术有机地融合为一体,在军事、环境监测、家庭自动化及其他很多领域具有广阔的应用前景。

　　本书主要有以下特点:

　　(1)基础性。本书注重无线传感器网络的基本理论和关键技术探究,包括无线传感器的基本概念、基本原理、基本结构、基本协议、典型算法和应用。力求展示出无线传感器网络基础和重要的内容,使读者对无线传感器网络有清楚的认识和理解,并做到通俗易懂。

　　(2)系统性。本书涉及无线传感器网络的各个方面,注重内容的系统性,涵盖了无线传感器网络的拓扑控制、节点定位、时间同步、路由协议、数据融合、安全技术、典型应用,内容全面,体系完整。

　　(3)新颖性。为适应无线传感器网络理论和技术发展迅速、知识更新快的特点,本书紧跟学科发展前沿,针对当前新出现的各种应用,及时将无线传感器网络的新技术融入内容体系,及时对无线传感器网络的技术框架进行扩充和完善,并给出了新的应用和实例。

　　本书围绕着近年来无线传感器网络的研究热点和难点,并结合相关领域的国内外重要研究成果展开详细地阐述和分析。全书共分 8 章,其中:第 1 章绪论,介绍无线传感器网络、无线传感器网络的体系结构、研究现状与发展趋势;第 2 章无线传感器网络的拓扑控制,首先对无线传感器网络的拓扑控制进行概述,然后研究其功率控制算法和层次拓扑结构控制算法;第 3 章无线传感器网络的节点定位,首先对无线传感器网络的节点定位进行概述,其次介绍节点定位技术基础,在此基础之上,详细地分析基于测距的和基于非测距的定位技术;第 4 章无线传感器网络的时间同步,首先对无线传感器网络的时间同步进行概述,其次主要介绍时间同步的概念与原理,在此基础之上,分析传统时间同步技术和新型时间同步技术;第 5 章无线传感器网络的路由协议,首先对无线传感器网络的路由协议进行概述,其次介绍路由协议设计,然后分析典型的路由协议;第 6 章首先对无线传感器网络的数据融合进行概述,其次介绍数据融合技术,然后分析典型的数据融合算法;第 7 章无线传感器网络的安全技术,首先对无线传感器网络的安全技术进行概述,其次介绍安全攻击和安全防护技术,最后探讨安全发展趋势;第 8 章无线传感器网络的典型应用研究,介绍无线传感器网络在军事方面、农业方面、环境监测方面、医疗卫生方面和智能交通方面的应用。

本书在撰写过程中,结合作者多年在包括无线传感器网络在内的各类型自组织多跳无线网络领域多年的研究这些成果,此外还参考了许多科研项目的研究成果和原创论文,在此要向相关作者表示衷心的感谢。

由于无线传感器网络理论和技术发展迅速,许多问题尚无法定论,加之时间仓促和作者水平有限,书中难免存在错误,敬请同行及读者批评指正。

作者

2014 年 3 月

目　　录

第1章 绪 论

无线传感器网络(Wireless Sensor Network,WSN)是多学科高度交叉的前沿研究课题,综合了传感器、嵌入式计算、网络及通信、分布式信息处理等技术。无线传感器网络利用大量的微型传感计算节点通过自组织网络以协作方式进行实时监测、感知和采集各类环境或监测对象的信息,以一种"无处不在的计算"的新型计算模式,成为连接物理世界、数字虚拟世界和人类社会的桥梁。

1.1 无线传感器网络概述

1.1.1 无线传感器网络的基本概念

无线传感器网络和基于无线传感器网络的自主智能系统是涉及微机电系统、计算机、通信、自动控制、人工智能等多学科的综合性技术。

微机电系统(MEMS)的迅速发展奠定了设计和实现片上系统的基础,使得将多种传感器集成为一体,制造小型化、低成本、多功能的传感器节点成为可能。

大量的 MEMS 传感器节点只有通过低功耗的无线电通信技术连成网络才能够发挥其整体的综合作用;更小、更廉价的低功耗计算设备代表的"后 PC 时代"冲破了传统台式计算机和高性能服务器的设计模式,普及的网络化带来了难以估量的计算处理能力。

在通信方式上,无线电、红外、声等多种无线通信技术的发展为微传感器间通信提供了多种选择,尤其是以 IEEE 802.15.4 标准为代表的短距离无线电通信标准的出现,无疑为无线传感器网络的发展奠定了坚实的基础。

具有群体智能的自治系统的行为实现和控制是自动控制和人工智能领域的前沿研究内容,从而为无线传感器网络的智能性提供了有力的技术支持。

以上几个方面的高度发展孕育出了许多新的信息获取和处理模式。无线传感器网络就是其中一例。随机分布的、集成有传感器、数据处理单元和通信模块的微小节点通过自组织的方式构成网络,借助于节点中内置的形式多样的传感器感知所在周边环境中的热、红外、声纳、雷达和地震波信号,从而探测包括温度、湿度、噪声、光强度、压力、土壤成分、移动物体的大小、速度和方向等众多物理现象,并通过无线通信传送信息,由此构成了无线传感器网络。

尽管很多文献给出了多种无线传感器网络的定义,但是实际上大同小异。本书基于已有文献,并结合自身的理解,给出无线传感器网络通用定义:无线传感器网络是由大量无处不在的,具有通信与计算能力的微小传感器节点密集布设在无人值守的监控区域而构成的能够根据环境自主完成指定任务的"智能"自治测控网络系统。

由于传感器节点数量众多,布设时只能采用随机投放的方式,传感器节点的位置不能预先确定;在任意时刻,节点间通过无线信道连接,自组织网络拓扑结构;传感器节点间具有很强的协同能力,通过局部的数据采集、预处理以及节点间的数据交互来完成全局任务。无线传感器网络是一种无中心节点的全分布系统。由于大量传感器节点是密集布设的,传感器节点间的距离很短,因此,多跳、对等通信方式比传统的单跳、主从通信方式更适合在无线传感器网络中使用,由于每跳的距离较短,无线收发器可以在较低的能量级别上工作。另外,多跳通信方式可以有效地避免在长距离无线信号传播过程中遇到的信号衰减和干扰等各种问题。

无线传感器网络可以在独立的环境下运行,也可以通过网关连接到现有的网络基础设施上,如 Internet 等。在后面这种情况中,远程用户可以通过 Internet 浏览无线传感器网络采集的信息。

1.1.2 无线传感器网络的特点

在过去的 80 多年里,无线网络技术取得了突飞猛进的发展。从人工操作的无线电报网络到使用扩频技术的自动化无线局域、个域网,无线网络的应用领域随着技术的进步不断地扩展。但迄今为止,主流的无线网络技术,如 IEEE 802.11、Bluetooth,都是为了数据传输而设计的,称之为无线数据网络。目前,无线数据网络研究的热点问题是无线自组网络技术。作为 Internet 在无线和移动范畴的扩展和延伸,无线自组网络可以实现不依赖于任何基础设施的移动节点在短时间内的互联。与传统网络相比,无线自组网络具有以下显著特点:

(1)无中心和自组织性。无线自组网络中没有绝对的控制中心,所有节点的地位平等,网络中的节点通过分布式算法来协调彼此的行为,无需人工干预和任何其他预置的网络设施,可以在任何时刻任何地方快速展开并自动组网。由于网络的分布式特征、节点的冗余性和不存在单点故障瓶颈,使得网络的鲁棒性和抗毁性很好。

(2)动态变化的网络拓扑。网络的拓扑结构是指从网络层角度来看的物理网络的逻辑视图。在无线自组网络中,移动终端能够以任意速度和任意方式在网中移动,并可以随时关闭电台;无线收发装置的天线类型多种多样、发送功率随着携带能量的变化而变化;加之无线信道间的互相干扰、地形和天气等综合因素的影响,移动终端间通过无线信道形成的网络拓扑随时可能发生变化,而且变化的方式和速度都难以预测。

(3)受限的无线传输带宽。无线自组网络采用无线传输技术作为底层通信手段,由于无线信道本身的物理特性,它所能提供的网络带宽相对有线信道要低得多。此外,考虑到竞争共享无线信道产生的冲突、信号衰减、噪声和信道之间干扰等多种因素,移动终端得到的实际带宽远远小于理论上的最大带宽。

(4)移动终端的能力有限。无线自组网络中移动终端具有携带方便、轻便灵巧等好处,但是也存在固有缺陷,如能源受限、内存较小、CPU 性能较低等,从而给应用程序设计开发带来一定的难度;屏幕等外设较小,不利于开展功能较复杂的业务。

(5)多跳路由。由于节点发射功率的限制,节点的覆盖范围有限。当它要与其覆盖范围之外的节点进行通信时,需要中间节点的转发。此外,无线自组网络中的多跳路由是由普通节点协作完成的,而不是由专用的路由设备完成的。

(6)安全性较差。无线自组网络是一种特殊的无线移动网络,由于采用无线信道、有限电源、分布式控制等技术,它更加容易受到被动窃听、主动入侵、拒绝服务、剥夺"睡眠"等网络攻击。信道加密、抗干扰、用户认证和其他安全措施都需要特别考虑。

(7)网络的可扩展性不强。在目前 Internet 环境下,可以采用子网、无级域间路由(Classless Inter Domain Routing,CIDR)和变长子网掩码(Variable Length Subnet Masks,VLSM)等技术,增强 Internet 的可扩展性。但是动态变化的拓扑结构使得具有不同子网地址的移动终端可能同时处于一个无线自组网络中,因而子网技术所带来的可扩展性无法应用在无线自组网络环境中。

无线传感器网络与无线自组网络有许多相似之处,也具有无线自组网络的前 6 条属性,有些文献甚至将无线传感器网络作为无线自组网络的一种。但通过比较可以发现,二者存在着一些本质的区别。首先,二者的应用目标不同。无线自组网络在不依赖于任何基础设施的前提下,以为用户提供高质量的数据传输服务为主要目标。无线传感器网络以监控物理世界为主要目标。从这种意义上讲,无线自组网络是一种数据网络,而无线传感器网络是一种测控网络。其次,无线传感器网络具有区别于无线自组网络的独有特点,具体如下:

(1)超大规模。为了完成对物理世界高密度的感知,无线传感器网络系统一般由成千上万个微小传感器构成,较无线自组网络规模成数量级的提高。无线传感器网络主要不是依靠单个设备能力的提升,而是通过大规模、冗余的嵌入式设备的协同工作来提高系统的可靠性和工作质量。尽管在未来的 5~10 年内,具有计算、存储、通信、感知能力的嵌入式设备(节点)的体积可以小到 $1mm^3$,但单体设备的能力还十分有限。

(2)无人值守。传感器的应用与物理世界紧密联系,微传感器节点往往密集地分布于需要监控的物理环境之中。由于规模巨大,不可能人工"照顾"每个节点,网络系统往往在无人值守的状态下工作。每个节点只能依靠自带或自主获取的能源(电池、太阳能)供电。由此导致的能源受限是阻碍无线传感器网络发展及应用的最重要的"瓶颈"之一。

(3)易受物理环境的影响——动态性强。无线传感器网络与其所在的物理环境密切相关,并随着环境的变化而不断的变化。这些时变因素严重地影响了系统的性能,如低能耗的无线通信易受环境因素的影响;外界激励变化导致的网络负载和运行规模的动态变化;随着能量的消耗,系统工作状态的变化等都要求传感器网络系统要具有对动态环境变化的适应性。

1.2 无线传感器网络的体系结构

1.2.1 无线传感器网络的系统架构

无线传感器网络的系统架构。通常包括传感器节点、汇聚节点和管理节点等,如图 1-1 所示。

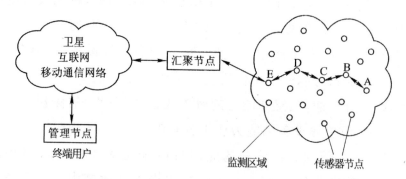

图 1-1 无线传感器网络的系统架构

在图 1-1 中,大量传感器节点随机密布于整个被观测区域中,通过自组织的方式构成网络。传感器节点在对所探测到的信息进行初步处理之后,以多跳中继的方式将其传送给汇聚节点,然后经卫星、互联网或是移动通信网络等途径到达最终用户所在的管理节点。终端用户也可以通过管理节点对无线传感器网络进行管理和配置、发布监测任务或是收集回传数据。

传感器节点通常是一个嵌入式系统,由于受到体积、价格和电源供给等因素的限制,它的处理能力、存储能力相对较弱,通信距离也很有限,通常只与自身通信范围内的邻居节点交换数据。要访问通信范围以外的节点,必须使用多跳路由。为了保证采集到的数据信息能够通过多跳送到汇聚节点,节点的分布要相当密集。从网络功能上看,每个传感器节点都具有信息采集和路由的双重功能,除了进行本地信息收集和数据处理外,还要存储、管理和融合其他节点转发过来的数据,同时与其他节点协作完成一些特定任务。

汇聚节点通常具有较强的处理能力、存储能力和通信能力,它既可以是一个具有足够能量供给和更多内存资源与计算能力的增强型传感器节点,也可以是一个带有无线通信接口的特殊网关设备。汇聚节点连接传感器网络与外部网络,通过协议转换实现管理节点与传感器网络之间的通信,把收集到的数据信息转发到外部网络上,同时发布管理节点提交的任务。

1.2.2　传感器节点的结构

传感器节点由传感单元、处理单元、无线收发单元和电源单元等几部分组成,如图 1-2 所示。

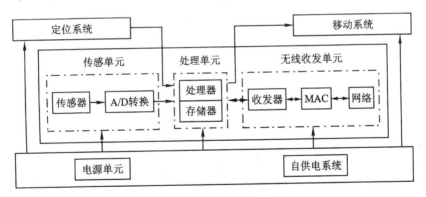

图 1-2　传感器节点的结构

传感单元用于感知、获取监测区域内的信息,并将其转换为数字信号,它由传感器和数/模转换模块组成;处理单元负责控制和协调节点各部分的工作,存储和处理自身采集的数据以及其他节点发来的数据,它由嵌入式系统构成,包括处理器、存储器等;无线收发单元负责与其他传感器节点进行通信,交换控制信息和收发采集数据,它由无线通信模块组成;电源单元能够为传感器节点提供正常工作所必需的能源,通常采用微型电池。

此外,传感器节点还可以包括其他辅助单元,如移动系统、定位系统和自供电系统等。由于需要进行比较复杂的任务调度与管理,处理单元还需要包含一个功能较为完善的微型化嵌入式操作系统,如美国 UC Berkeley 大学开发的 TinyOS。目前已有多种成型的传感器节点设计,它们在实现原理上相似,只是采用了不同的微处理器、不同的协议和通信方式。

由于传感器节点采用电池供电,一旦电能耗尽,节点就失去了工作能力。为了最大限度地节约电能,在硬件设计方面,要尽量采用低功耗器件,在没有通信任务的时候,切断射频部分电源;在软件设计方面,各层通信协议都应该以节能为中心,必要时可以牺牲其他的一些网络性能指标,以获得更高的电源效率。

1.2.3　无线传感器网络的体系结构概述

无线传感器网络的体系结构由分层的网络通信协议、网络管理平台以及应用支撑平台等 3 个部分组成,如图 1-3 所示。

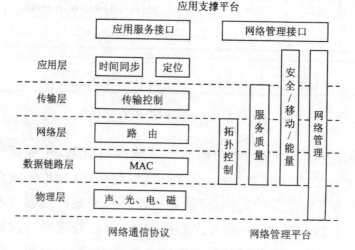

图 1-3　无线传感器网络的体系结构

1. 分层的网络通信协议

类似于传统 Internet 网络中的 TCP/IP 协议体系,它由物理层、数据链路层、网络层、传输层等组成。

(1)物理层。无线传感器网络的物理层负责信号的调制和数据的收发,所采用的传输介质主要有无线电、红外线、光波等。

(2)数据链路层。无线传感器网络的数据链路层负责数据成帧、帧检测、媒体访问和差错控制。其中,媒体访问协议保证可靠的点对点和点对多点通信;差错控制则保证源节点发出的信息可以完整无误地到达目标节点。

(3)网络层。无线传感器网络的网络层负责路由发现和维护,通常,大多数节点无法直接与网关通信,需要通过中间节点以多跳路由的方式将数据传送至汇聚节点。

(4)传输层。无线传感器网络的传输层负责数据流的传输控制,主要通过汇聚节点采集传感器网络内的数据,并使用卫星、移动通信网络、Internet 或者其他的链路与外部网络通信,是保证通信服务质量的重要部分。

2. 网络管理平台

网络管理平台主要是对传感器节点自身的管理以及用户对传感器网络的管理,它包括了拓扑控制、服务质量管理、能量管理、安全管理、移动管理、网络管理等。

(1)拓扑控制。为了节约能量,某些传感器节点会在某些时刻进入休眠状态,这导致网络的拓扑结构不断变化,因而需要通过拓扑控制技术管理各节点状态的转换,使网络保持畅通,数据能够有效传输。拓扑控制利用链路层、路由层完成拓扑生成,反过来又为它们提供基础信息支持,优化 MAC 协议和路由协议,降低能耗。

(2)服务质量管理。服务质量管理在各协议层设计队列管理、优先级机制或者带宽预留等机制，并对特定应用的数据给予特别处理。它是网络与用户之间以及网络上互相通信的用户之间关于信息传输与共享的质量约定。为满足用户的要求，无线传感器网络必须能够为用户提供足够的资源，以用户可接受的性能指标工作。

（3）能量管理。在无线传感器网络中，电源能量是各个节点最宝贵的资源。为了使无线传感器网络的使用时间尽可能的长，需要合理、有效地控制节点对能量的使用。每个协议层次中都要增加能量控制代码，并提供给操作系统进行能量分配决策。

（4）安全管理。由于节点随机部署、网络拓扑的动态性以及无线信道的不稳定，传统的安全机制无法在无线传感器网络中适用，因此需要设计新型的无线传感器网络安全机制，这需要采用扩频通信、接入认证/鉴权、数字水印和数据加密等技术。

（5）移动管理。在某些无线传感器网络应用环境中节点可以移动，移动管理用来监测和控制节点的移动，维护到汇聚节点的路由，还可以使传感器节点跟踪它的邻居。

（6）网络管理。网络管理是对无线传感器网络上的设备及传输系统进行有效监视、控制、诊断和测试所采用的技术和方法。它要求协议各层嵌入各种信息接口，并定时收集协议运行状态和流量信息，协调控制网络中各个协议组件的运行。

3.应用支撑平台

建立在分层网络通信协议和网络管理技术的基础之上，它包括一系列基于监测任务的应用层软件，通过应用服务接口和网络管理接口来为终端用户提供各种具体应用的支持。

（1）时间同步。无线传感器网络的通信协议和应用要求各节点间的时钟必须保持同步，这样多个传感器节点才能相互配合工作。此外，节点的休眠和唤醒也要求时钟同步。

（2）定位。节点定位是确定每个传感器节点的相对位置或绝对位置,节点定位在军事侦察、环境监测、紧急救援等应用中尤为重要。

（3）应用服务接口。无线传感器网络的应用是多种多样的,针对不同的应用环境,有各种应用层的协议,如任务安排和数据分发协议、节点查询和数据分发协议等。

（4）网络管理接口。主要是传感器管理协议,用来将数据传输到应用层。

1.3　无线传感器网络的研究现状与发展趋势

1.3.1　无线传感器网络的研究现状

无线传感器网络的研究最初起源于美国军方,其研究的项目包括 CEC、REMBASS、TRSS、Sensor IT、WINS、Smart Dust、SeaWeb、μAMPS、NEST 等。美国国防部远景计划研究局已投资几千万美元,帮助无线传感器网络技术的研发。美国国家自然基金委员会（NSF）也开设了大量与其相关的项目,如:2003 年制定了无线传感器网络研究计划,每年拨款 3400 万美元支持相关研究项目,并在加州大学洛杉矶分校成立了传感器网络研究中心;2005 年对网络技术和系统的研究计划中,主要研究下一代高可靠、安全的可扩展的网络、可编程的无线网络及传感器系统的网络特性,资助金额达 4000 万美元。此外,美国交通部、能源部、美国国家航空航天局也相继启动了相关的研究项目。

美国所有著名的院校几乎都从事传感器网络相关技术的研究,如加州大学洛杉矶分校、康奈尔大学、麻省理工学院和加州大学伯克利分校等都先后开展了传感器网络方面的研究工作。

Crossbow、Mote IV 等一批以传感器节点为产业的公司的产品，如 Mica2、Micaz、Telos 等为很多研究机构搭建起了硬件平台，方便的开发平台使得大部分研究机构开始转而研究大规模无线组网、传感信息融合、时间同步与定位、低功耗设计技术等关键技术。

加拿大、英国、德国、芬兰、日本和意大利等国家的研究机构都先后开始了无线传感器网络的研究。欧盟第 6 个框架计划将"信息社会技术"作为优先发展的领域之一，其中多处涉及对无线传感器网络的研究。日本总务省在 2004 年 3 月成立了"泛在传感器网络"调查研究会。韩国信息通信部制订了信息技术 839 战略，其中"3"是指 IT 产业的 3 大基础设施，即宽带融合网络、泛在传感器网络、下一代互联网协议。企业界中欧盟的 Philips、Siemens、Ericsson、ZMD、France Telecom、Chipcon 等公司，日本的 NEC、OKI、Skyleynetworks、世康、欧姆龙等公司都开展了无线传感器网络的研究。

我国对无线传感器网络的研究起步较晚，首次正式启动出现于 1999 年中国科学院《知识创新工程点领域方向研究》的"信息与自动化领域研究报告"中，该领域的五大重点项目之一。2001 年中国科学院依托上海微系统所成立微系统研究与发展中心，旨在引领中科院无线传感器网络的相关工作。我国学者非常重视无线传感器网络方面的研究，南京邮电大学、北京邮电大学和哈尔滨工业大学等高校科研机构均已开始了该领域的探索研究，其中南京邮电大学无线传感器网络研究中心在无线传感器网络领域已经有了一定的科研成果。

国家自然科学基金已经审批了与无线传感器网络相关的多项课题。2004 年，将一项无线传感器网络项目（面向传感器网络的分布自治系统关键技术及协调控制理论）列为重点研究项目。2005 年，将网络传感器中的基础理论和关键技术列入计划。2006 年将水下移动传感器网络的关键技术列为重点研究项目。国家发改委下一代互联网(CNGI)示范工程中,也部署了无线传感器网络相关的课题。

在一份我国未来 20 年预见技术的调查报告中,信息领域 157 项技术课题中有 7 项与传感器网络直接相关。2006 年年初发布的《国家中长期科学与技术发展规划纲要》为信息技术定义了 3 个前沿方向,其中 2 个与无线传感器网络的研究直接相关,即智能感知技术和自组织网络技术。我国 2010 年远景规划和"十五"计划中,将无线传感器网络列为重点发展的产业之一。

国内也有越来越多的企事业开始关注传感器网络技术的发展,宁波中科、北京鑫诺金感与控制技术有限公司、成都无线龙科技等公司也开始推出针对无线传感器网络及 ZigBee 的解决方案,以及面向一定产业应用的系统方案。

近年来,人们对无线传感器网络研究的不断深入,已经使得无线传感器网络得到了很大的发展,也产生了越来越多的实际应用。随着人们对信息获取的需求不断增加,由这些传统传感器网络所获取的简单数据愈加不能满足人们对信息获取的全面需求,使得人们已经开始在研究功能更强的无线多媒体传感器节点,使用无线多媒体传感器节点能够获取图像、音频、视频等多媒体信息,从而人们能获取监测区域更加详细的信息。

无线传感器网络有着十分广泛的应用前景,可以大胆预见,将来无线传感器网络无处不在,将完全融入日常生活。比如通过微型传感器网将家用电器、个人电脑和其他日常用品同互联网相连,实现远距离跟踪;采用无线传感器网络负责安全调控、节电等。无线传感器网络将是未来的一个无孔不入的十分庞大的网络,其应用可以涉及人类日常生活和社会生产活动的所有领域。

当然,我国对无线传感器网络的研究才刚刚开始,它的技术、应用都还远远谈不上成熟,国内企业应该抓住商机,加大投入力度,推动整个行业的发展。

1.3.2 无线传感器网络的发展趋势

1. 泛在传感器网络

随着信息技术的日新月异,无线通信发生了重大变化并取得了迅猛的发展。未来无线通信技术将朝着宽带化、移动化、异构化及个性化等方面发展,以达到通信的"无所不在",即"泛在化"。

由于传感器节点在硬件方面上(如大小、处理能力、通信能力等)的优势,使得传感器节点能够在任何时候放置于任何地方,因而,传感器网络是实现未来"泛在化"通信的一种有效手段,或者补充。泛在传感器网络指的是能够在任何时间、地点收集和处理实时信息的传感器网络。泛在传感器网络改变了人类信息收集和处理的历史,使得原来只能由人来完成的信息收集和处理任务,现在由传感器节点也能完成。泛在传感器网络跟一般传统意义上的无线传感器网络的区别在于:泛在传感器网络技术将会是有线和无线通信技术的综合体,而传统的无线传感器网络主要是基于无线通信技术的。泛在无线传感器网络的研究已经得到诸多研究人员的关注,如韩国的庆熙大学专门成立了泛在传感器网络的研究小组,探讨泛在传感器网络技术。

2. 无线多媒体传感器网络

无线传感器网络是通过传感器节点感知、收集和处理物理世界的信息来达到对物理世界的理解和监控,为人类与物理世界实现"无处不在"的通信和沟通。然而,目前无线传感器网络的大部分应用集中在简单、低复杂度的信息获取和通信上,只能获取和处理物理世界的标量信息(如温度、湿度等)。这些标量信息无法刻画丰富多彩的物理世界,难以实现真正意义上的人与物理世界的沟通。为了克服这一缺陷,一种既能获取标量信息,又能获取视频、音频和图像等矢量信息的无线多媒体传感器网络 WMSN (Wireless Multimedia Sensor Networks)应运而生。这种特殊的无线传感器网络有望实现真正意义上的人与物理世界的完全沟通。相比传统无线传感器网络仅对低比特流、较小信息量的数据进行简单处理而言,作为一种全新的信息获取和处理技术,无线多媒体传感器网络更多地关注各种各样信息(包括音频、视频和图像等大数据量、大信息量信息)的采集和处理,利用压缩、识别、融合和重建等多种方法来处理收集到的各种信息,以满足无线多媒体传感器网络多样化应用的需求。

近来,多媒体传感器网络技术的研究已引起科研人员的密切关注,一些学者已开展多媒体传感器网络方面的探索性研究,在 IEEE 系列会议,ACM(Association of Computer Machinery)多媒体和传感器网络相关会议发表了一些重要的研究成果。从 2003 年起,ACM 还专门组织国际视频监控与传感器网络研讨会 (ACM International Workshop on Video Surveillence&Sensor Networks)交流相关研究成果。美国加利福尼亚大学、卡耐基·梅隆大学、马塞诸塞大学、波特兰州立大学等著名学府也开始了多媒体传感器网络方面的研究工作,纷纷成立了视频传感器网络研究小组并启动了相应的科研计划。佐治亚科技大学 2006 年 8 月还专门成立了无线多媒体传感器网络实验室,致力于研究无线多媒体传感器网络。Elsevier Computer Networks 2007 年以无线多媒体传感器网络为主题进行专题征文,罗列了若干研究方向。

3. 具有认知功能的传感器网络

认知无线电(Cognitive Radio,CR)被认为是一种提高无线电电磁频谱利用率的新方法,同时也是一种智能的无线通信系统,它建立在软件定义无线电(Software Defined Radio,SDR)基础上,能认知周围环境,并使用已建立的理解方法从外部环境学习并通过对特定的系统参数（如功率、载波和调制方案等）实时改变而调整它的内部状态以适应系统环境的变化。认知无线电首先由瑞典皇家理工学院的 Joseph Mitola 提出，随后在其博士论文"Cognitive Radio, An Integrated Agent Architecture for Software Defined Radio"中提出了一种 CR 的体系架构和循环感知模型，并提出了一种简单的 CR 原型系统的设计实现和 CR 描述语言 RKRL（Radio Knowledge Representation Language）。2004 年，美国弗杰尼亚理工学院的 Christian James Rieser，利用基于遗传算法的人工智能技术提出了一种新的 CR 模型，其计算机仿真表明，这种 CR 模型提高了通信系统的相关性能。学术界也行动起来，著名通信理论专家 Simon Haykin 在 2005 年 2 月 IEEE JSAC in Communications 上发表了关于认知无线电的综述性文章，概述了 CR 的发展现状及关键技术。一些著名的大学研究机构如 UC Berkley、Rutgers、Georgia、TU Berlin 等和世界各大公司如 Intel、Lucent、Nokia、Qualcomm 等，目前也纷纷展开对 CR 的研究。2002 年，美国国防部 DARPA（Defence Advanced Research Projects Agency）组织启动了 XG（Next Generation Communication），该项目以 CR 技术为核心，采用软件无线电技术实现最大限度地利用时域、频域、空域等信息，动态调节和适应无线通信频谱的分配和使用，为美军海外军事行动提供强有力的支持。2003 年 11 月，FCC（Federal Communications Commission）允许具备认知无线电功能的无线终端使用已授权给其他用户的频段，并首先开放了电视频段（VHF/L-UHF），为 CR 技术在美国的大规模使用奠定了基础。2004 年 10 月，IEEE 802 委员会正式成立了基于认知无线电技术的无线区域网（Wireless Regional Area Network，WRAN）标准工作组，即 802.22 标准工作组。

目前，无线传感器网络节点主要感知的是物理世界的环境信息，没有涉及对节点本身通信资源的感知。具有认知功能的传感器网络不仅能感知和处理物理世界的环境信息，还能利用认知无线电技术对通信环境进行认知。此时的传感器节点变成一个智能体,从而实现智能化的传感器网络,可望大大改善传感器网络的资源利用率和服务质量。

4.基于超宽带(UWB)技术的无线传感器网络

无线传感器网络要真正付诸应用离不开传感器节点的设计并实现。无线传感器网络节点的重要特征是体积小、功耗低和成本低,传统的正弦载波无线传输技术由于存在中频、射频等电路和一些固有组件的限制难以达到这些要求。超宽带(Ultra Wide-band,UWB)通信技术是一种非传统的、新颖的无线传输技术,它通常采用极窄脉冲或极宽的频谱传送信息。相对于传统的正弦载波通信系统,超宽带无线通信系统具有高传输速率、高频谱效率、高测距精度、抗多径干扰、低功耗、低成本等诸多优点。这些优点使超宽带无线传输技术和无线传感器网络形成天然的结合,使基于超宽带技术的无线传感器网络的研究和开发得到越来越多的关注。

早在 1965 年,美国就确立了 UWB 的技术基础。在后来的一二十年里,UWB 技术主要用于军事应用。直到最近几年,研究学者对 UWB 技术的研究才逐渐变得热门和深入。企业界也大力开发 UWB 相关产品,如 XtremeSpectrum、Philip、Intel、Sony 等公司都已经有相应的 UWB 无线产品。我国对 UWB 技术的研究起步较晚,但国家自然科学基金和“863”计划都有有关 UWB 的无线通信关键技术研究的立项,在这些项目的支持下,UWB 技术水平将得到很大的提高。

UWB 技术和无线传感器网络是两个新兴的热点研究领域,两者能天然地结合在一起。基于 UWB 技术的无线传感器网络具备一些传统无线传感器网络无法比拟的优势,将成为无线传感器网络极其重要的一个发展方向,具备广阔的应用前景。

5.基于协作通信技术的无线传感器网络

无线传感器网络依靠节点间的"相互协作"完成信息的感知、收集和处理任务,它与协作通信技术有着天然的联系。从另外一个角度看,传感器节点的大小有限,能量受限于供电电池,且处理能力和工作带宽都很有限,这些限制为无线传感器网络带来了一系列挑战。仅仅依靠单个传感器节点解决这些挑战是不现实的,需借助节点之间的协作来解决。协作通信技术为有效解决这些挑战提供了很好的解决思路,通过共享节点间的资源,有望大大提高整个网络的资源利用率和性能。

近来,研究人员已将协作通信的思想应用于无线传感器网络的研究中,并取得初步研究成果。分析了无线传感器网络中协作MIMO 的能耗问题,分析了无线视频传感器网络中协作中继架构,讨论了传感器网络中具有相关信源的中继信道问题,讨论了存在误传情况下衰落对协作传感器网络可达速率的影响,分析了无线传感器网络中协作分集对其的影响,讨论了无线传感器网络中如何利用 STBC 来进行协作传输,分析了无线传感器网络中基于协作多跳的虚拟 MIMO 信道的性能等。

第2章　无线传感器网络的拓扑控制

拓扑控制是无线传感器网络的关键技术之一。高效优化的网络拓扑结构能够有效地降低传感器节点的能量消耗,延长网络的生存时间,提高整个网络的传输效率和性能,并为节点定位、时间同步、数据融合等提供必要的基础。由于无线传感器网络具有规模大、自组织、随机部署、环境复杂、节点资源有限、拓扑变化频繁等特点,与传统无线自组网络相比较,无线传感器网络需要更加高效的拓扑控制来优化网络的拓扑结构,以节省传感器节点的能量,提高网络的整体性能。

2.1　概述

2.1.1　研究内容

传统的无线自组网络中,拓扑控制(也称为"拓扑管理")是指通过一定的机制自适应地将一定数目的节点组成一个互联网络。无线传感器网络作为一种新型的无线自组网络,同样需要拓扑控制的思想。与传统无线自组织网络相比,无线传感器网络拓扑控制具有自身的特点:部署的环境更为复杂;多采用电池供电;能量更为有限;节点数目更多;节点部署更密集;网络拓扑变化更为频繁(由于节点的失效或者是新节点的加入)等,所以需要一种更加优化和高效的拓扑控制机制。

无线传感器网络拓扑控制主要研究的问题是:在保证网络的覆盖度和连通性的前提下,设置或调整节点的发射功率,并按照一定原则选择合适的节点成为骨干节点参与网络中数据的处理和传输,达到优化网络拓扑结构的目的。具体来说,无线传感器网络中拓扑控制可以分为两个研究方向,即功率控制和层次拓扑结构控制。功率控制机制调整网络中每个节点的发射功率,保证网络连通,均衡节点的直接邻居数目(单跳可达邻居数目)的同时,降低节点之间的通信干扰。层次拓扑控制利用分簇思想,依据一定的原则使网络中的部分节点处于激活状态,成为簇头节点,由这些簇头节点构建一个连通的网络来处理和传输网络中的数据;其他节点则处于非激活状态,关闭其通信模块以降低能量消耗,并且定期或不定期地重新选择簇头节点以均衡网络中节点的能量消耗。

无线传感器网络高效优化的拓扑控制机制具有重要意义,具体表现在以下方面:

(1)为路由协议提供基础。路由协议需要获悉网络的拓扑结构,而且只有有效的节点才能够进行数据传输和转发;而无线传感器网络中的节点很容易因为能量耗尽或遭到破坏等原因而失效,以及新节点的加入都会引起网络拓扑的变化。拓扑控制机制正好可以调整节点之间的邻居关系,以及确定哪些节点处于活动状态,哪些节点处于非活动状态。

(2)降低节点能量消耗,延长网络生存时间。由于无线传感器网络中的节点多采用能量有限的电池供电,降低节点能量消耗是在整个网络的设计时需要主要考虑的目标之一。拓扑控制通过合理地调整节点的发射功率,并有选择性地让部分节点的通信模块关闭,使其处于非激活状态,以及定期或不定期更新簇头。均衡节点能量消耗的方法能在很大程度上降低节点的能量消耗,从而显著地延长整个网络的生存时间。

（3）降低节点通信干扰，提高网络吞吐量。无线传感器网络中节点通常部署密集，节点的发射功率合理选择是个微妙的问题。发射功率过大容易引起节点之间的干扰太强，增加误码率，降低无线通信效率和节点能量利用率；过小则难以保证网络的连通性。拓扑控制中的功率控制思想正是解决这个问题的重要方法。

（4）有利于数据融合。无线传感器网络中数据融合是指将多个传感器采集到的数据发送到某些节点，由这些节点按照一定的方法进行处理，以求得到"较高质量"（"较高质量"的确切涵义取决于具体应用）的信息。而这些参与多源数据处理的节点（即骨干节点）的选择是拓扑控制的主要内容之一。

（5）有利于分布式算法的应用。无线传感器网络通常节点数目庞大，集中式的处理方法往往因为通信量太大和响应时间长而无法应用；而层次拓扑结构控制的分簇式管理思路有利于分布式算法的应用，适合大规模部署的网络。

2.1.2　研究现状

目前国内外对拓扑控制的研究已经取得了一定的成果。在功率控制方面，已经提出的算法有 Kubisch 的 LMA/LMN 算法、Ramanathan 的 LINT/LILT 算法、COMPOW 算法、N. Li 的 DRNG（Directed Relative Neighborhood Graph）和 DLMST（Directed Local Minimum Spanning Tree）算法等。前三者主要是利用节点度数（直接邻居数目/单跳可达邻居数目），最后的主要是以图论中的邻近图作为其理论基础。在层次拓扑控制方面，已经提出的算法有 TopDisc（Topology Discovery）拓扑发现算法、改进GAF（Geographical Adaptive Fidelity）分簇算法、LEACH（Low Energy Adaptive Clustering Hierarchy）算法和 HEED 算法等。

这些算法为实现拓扑控制提供了一定的思路,不过也还存在有待改进的地方。比如,基于邻近图的算法所需信息过多且运算量也不小;TopDisc 算法没有考虑其鲁棒性的问题;改进的 GAF 算法的前提假设是节点能够获悉自己精确的位置信息,而节点位置信息的获取又是无线传感器网络中有待解决和正在研究的另一个重要问题——节点定位(第 3 章)。无线传感器网络中拓扑控制算法基本还处于理论研究或实验模拟阶段,应用于实际还存在一些困难,有待进一步研究。启发式的节点唤醒和休眠机制,在数据消息中携带网络拓扑控制信息的机制等也逐渐被引入拓扑控制的研究中。此外,传感器节点技术的发展使得节点具有更强的通信、计算、存储能力,这也为无线传感器网络的拓扑控制研究带来新的机会。[①]

2.1.3　主要技术挑战

目前,虽然无线传感器网络的拓扑控制研究已经取得一定的研究进展,但就其实用化来说还面临着一些挑战。

(1)无线传感器网络通常属于大规模网络,拓扑控制算法需要有较快的收敛速度。

(2)节点的移动、失效或新节点的加入都会引起网络拓扑结构自身发生变化,这要求拓扑控制算法具有较强的自适应能力,能够保证网络的服务质量 QoS 需求。此外,在网络因为过多节点失效等原因而无法正常工作时,对追加节点数目和方位的预测可能也是拓扑控制的一项任务。

(3)节点能量非常有限,拓扑控制算法本身不能过于复杂,算法所引起的通信量也不能过多,要尽量降低拓扑控制算法的能量

① 王殊,阎毓杰,胡福平等.无线传感器网络的理论及应用.北京:北京航空航天大学出版社,2007:126

消耗。

2.2　功率控制算法

作为无线传感器网络中拓扑控制的研究方向之一,功率控制是指通过合理地设置或动态调整节点的发射功率,在保证整个网络连通的同时,降低节点之间的相互干扰,达到提高节点能量利用效率,延长网络生存时间的目的。

本节主要介绍基于邻近图的 DRNG 和 DLMST 算法。

邻近图是相对另一个图而言的。所谓由图 $G = (V, E)$ 导出的邻近图 $G' = (V, E')$ 是指(其中 V 是图 G 中所有顶点的集合,E 是所有边的集合,E' 为 E 的子集):对于任意一个顶点 $v \in V$,根据给定的邻近判断条件 q,E 中满足判断条件 q 的边 $(u, v) \in E'$。基于邻近图的功率控制算法的主要思想是:把所有节点处于最大发射功率状态下形成的网络拓扑图视为按照判断条件导出 G 的邻近图 G',然后 G' 中的每个节点根据与相距自己最远的邻居节点之间的距离来确定其发射功率。一般认为,无线传感器网络两节点之间的通信是对称的,即双向连通,因此在根据邻近图算法得到图 G' 后还需要进行必要的边的增删,以确保最终的网络拓扑图是双向连通的。目前无线传感器网络中基于邻近图理论的拓扑控制算法并不多,比较成熟的有 DRNG 和 DLMST 算法。

DRNG 和 DLMST 算法是从邻近图的角度实现拓扑控制的算法,以经典的邻近图(Relative Neighborhood Graph,RNG)、局部最小生成树(Local Minimum Spanning Tree,LMST)为理论基础,着重提出了节点发射功率不一致时的拓扑控制解决思路。

为了便于叙述,预先说明如下:

（1）节点 u 和 v 之间的连接是非对称的。对应地，顶点 u 和 v 之间的边（u,v）是有向的。

（2）R_u 表示节点 u 的无线电发射半径（radio range），$d(u,v)$ 表示节点 u 和 v 之间的距离，N_u^R 表示节点 u 以最大无线电发射半径时的可达节点集合（即可达邻居集）。可达邻居子图 G_u^R 是指由节点 u 和 N_u^R 以及这些节点之间的边构成的图。

（3）为每条边（u,v）赋予对应的权重函数 $w(u,v)$，且对于边（u_1,v_1）和（u_2,v_2），其相应的权重函数 $w(u_1,v_1)$ 和 $w(u_2,v_2)$ 满足如下关系：

$$w(u_1,v_1) > w(u_2,v_2) \Leftrightarrow d(u_1,v_1) > d(u_2,v_2)$$

或 $d(u_1,v_1) = d(u_2,v_2)$，但 $\max\{\text{ID}(u_1),\text{ID}(v_1)\} > \max\{\text{ID}(u_2),\text{ID}(v_2)\}$

或 $d(u_1,v_1) = d(u_2,v_2)$，且 $\max\{\text{ID}(u_1),\text{ID}(v_1)\} = \max\{\text{ID}(u_2),\text{ID}(v_2)\}$

但 $\min\{\text{ID}(u_1),\text{ID}(v_1)\} > \min\{\text{ID}(u_2),\text{ID}(v_2)\}$

在 DRNG 和 DLMST 算法中，为了实现拓扑控制，节点需要获取有关邻居节点的一些信息，因此在算法初始阶段有一个邻居节点信息收集阶段。在此阶段中，每个节点以自己最大的发射功率广播 HELLO 消息（该消息包括节点 ID 和节点位置信息）。每个节点则根据接收到的 HELLO 消息确定自己的可达邻居集合 N_u^R。

DRNG 算法中，其邻居节点的判断标准如图 2-1 所示。如果节点 u 和 v 的距离满足条件 $d(u,v) < R_u$，并且不存在节点 i 同时满足条件 $w(u,i) < w(u,v), w(i,v) < w(u,v), d(i,v) \leqslant R_i$，则节点 v 为节点 u 的邻居节点。

从本质上说，DLMST 算法等价于求解可达邻居子图 G_u^R 的最小生成树。具体方法如下：①从节点 u 确定其可达邻居子图 G_u^R；

②将 u 与所有可达邻居节点的边所对应的权重函数 $w(u,v)$ 按照升序排序；③从小到大依次取出这些权重函数对应的边（认为这些边属于 G_u^R 的邻近图），直到 u 与 G_u^R 中的每个节点都直接或间接连通；④与 u 直接连通的邻居节点构成 u 的邻居节点集。

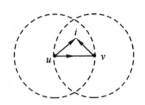

图 2-1　DRNG 算法中的邻居节点判断标准

在节点 u 确定其邻居节点集之后，将根据相距最远的邻居节点之间的距离来调整自己的发射功率，即使得相距最远的邻居节点恰好处于节点 u 的无线电发射半径之内。此外，正如前面提到的，为了保证网络的双向连通性，还需要对 G_u^R 的邻近图进行必要的边的增删。

图 2-2 是 DRNG 和 DLMST 算法对网络拓扑优化的示例。从左至右依次为原始网络拓扑图、DRNG 优化后的拓扑图和 DLMST 优化后的拓扑图。从图中可以看出，通过 DRNG 或 DLMST 算法的优化，网络拓扑明显简化。这归因于节点发射功率的调整，节点之间的干扰也会因此而降低。

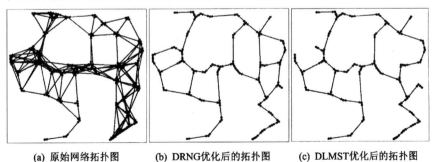

(a) 原始网络拓扑图　　(b) DRNG优化后的拓扑图　　(c) DLMST优化后的拓扑图

图 2-2　DRNG 和 DLMST 算法对网络拓扑优化的示例

DRNG 和 DLMST 充分利用邻近图理论,结合传感器网络的特点,针对节点发射功率不一致的问题提出了一种解决方法;同时考虑到了网络的连通性,并通过必要的增删操作来保证优化后的拓扑保持双向连通。[①]

2.3 层次拓扑结构控制算法

无线传感器网络中,节点的无线通信模块处于发送状态下的功耗最高,接收状态和空闲状态次之,休眠状态功耗最低。例如,目前用于无线传感器网络的主流传感器 Berkeley Motes 的通信模块处于发送状态的功耗为 60mW,接收状态和空闲状态的功耗均为 12mW,休眠状态下的功耗仅为 0.03mW,四者的功耗对比达到 2000∶400∶400∶1,因此降低能耗的关键是降低网络内的通信流量,使更多的节点在更长时间段处于休眠状态。为了大幅度降低无线通信模块的能量消耗,可以考虑依据一定的机制选择部分节点作为骨干节点,这些节点的通信模块处于打开状态;而关闭其他非骨干节点的通信模块。由骨干节点构建一个连通的网络来处理和传输数据。在这种机制下,节点被分为骨干节点和非骨干节点两类,骨干节点对非骨干节点进行管辖。这类算法将网络分为相连的区域,一般称为"分簇算法"。

2.3.1 TopDisc 算法

TopDisc(Topology Discovery)算法是基于最小支配集理论的经典算法。它首先由初始节点发出拓扑发现请求,通过广播该

---

① 王殊,阎毓杰,胡福平等.无线传感器网络的理论及应用.北京:北京航空航天大学出版社,2007:128－129

请求消息来确定网络中的骨干节点,并结合这些骨干节点的邻居节点的信息形成网络拓扑的近似拓扑。在这个近似拓扑形成以后,为了减小算法本身引起的网络通信量,只有骨干节点才对初始节点拓扑发现请求作出相应的响应。

为了确定网络中的骨干节点,TopDisc 算法采用的是贪婪算法。具体地,TopDisc 提出了两种类似的方法:三色法和四色法。

在三色算法中,节点可以处于三种不同状态。在 TopDisc 算法中,分别用白色、黑色、灰色三种颜色表示,其中:

①白色,尚未被发现的节点,或者说是没有接收到任何拓扑发现请求的节点;

②黑色,骨干节点(簇头节点),负责响应拓扑发现请求;

③灰色,普通节点,至少被一个标记为黑色的节点覆盖,即黑色节点的邻居节点。

在初始阶段,所有节点都被标记为白色,算法由一个初始节点发起,算法结束后所有节点都将被标记为黑色或者灰色(前提假设整个网络拓扑是连通的)。TopDisc 采用两种启发式方法来使得每个新的黑色节点都尽可能多地覆盖还没有被覆盖的节点:一种是节点颜色标记方法;另一种是节点转发拓扑发现请求时将会故意延时一段时间,延时时间的长度反比于该节点与发送拓扑发现请求到该节点的节点之间的距离。三色法的详细过程描述如下:

(1)初始节点被标记为黑色,并向网络广播拓扑发现请求。

(2)当白色节点收到来自黑色节点的拓扑发现请求时,将被标记为灰色,并在延时时间 T_{WB} 后继续广播拓扑发现请求。T_{WB} 反比于它与黑色节点之间的距离。

(3)当白色节点收到来自灰色节点的拓扑发现请求时,将在等待时间 T_{WG} 后标记为黑色,但如果在等待期间又收到来自黑色节点的拓扑发现请求则优先标记为灰色;同样,等待时间 T_{WG} 反比于该白色节点与灰色节点之间的距离。不管节点被标记为灰色还是黑色,都将在完成颜色标记后继续广播拓扑发现请求。

　　(4)所有已经被标记为黑色或者灰色的节点,都将忽略其他节点的拓扑发现请求。

　　为了使得每个新的黑色节点都尽可能多地覆盖还没有被覆盖的节点,TopDisc 采用了反比于节点之间距离的转发延时机制。其合理性简单解释为:理想情况下,节点的覆盖范围是半径为无线电发射半径的圆。于是,单个的节点所能够覆盖的节点数目正比于其覆盖面积和局部的节点部署密度。对于一个正在转发拓扑发现请求的节点,它所能够覆盖的新的节点(还没有被任何节点覆盖的)则正比于它的覆盖面积与已经覆盖的面积之差。三色法示意图如图 2-3 所示。

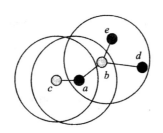

图 2-3　三色法示意图

　　假设节点 a 是初始节点,标记为黑色,并广播拓扑发现请求。节点 b 和 c 收到来自 a 的拓扑发现请求,被标记为灰色,并各自等待一段时间后广播拓扑发现请求。假设 b 比 c 距离节点 a 更远,即 b 的等待时间更短,于是节点 b 先广播拓扑发现请求。节点 d 和 e 收到来自 b 的拓扑发现请求,各自等待一段时间,由于节点 a 已经被标记为黑色,所以它会忽略 b 的拓扑发现请求。假设 d 比 e 距离节点 b 更远,则节点 d 节点 e 更有可能标记为黑色,此处假设节点 d 和 e 都因为等待期间内没有收到来自黑色节点的拓扑发现请求而标记为黑色。注意,在标记为黑色的两个节点之间存在一个中介节点(图中为节点 b)同时被这两个黑色节点覆盖,这归因于三色法的内在性质。

可以看出,三色法所形成的簇之间存在重叠区域。为了增大簇之间的间隔,减少重叠区域,TopDisc 算法同时也提出了四色法。顾名思义,节点可以处于四种不同的状态,分别用白色、黑色、灰色和深灰色表示。前三种颜色代表的含义跟三色法相同,增加的深灰色表示节点收到过拓扑发现请求,但不被任何标记为黑色的节点覆盖。

与三色法类似,在初始阶段,所有节点都被标记为白色,算法由一个初始节点发起,算法结束后所有节点都将被标记为黑色或者灰色(前提假设整个网络拓扑是连通的,注意最终没有标记为深灰色的节点)。四色法的详细过程描述如下:

(1)初始节点被标记为黑色,并向网络广播拓扑发现请求。

(2)当白色节点收到来自黑色节点的拓扑发现请求时,将标记为灰色,并在延时时间 T_{WB} 后继续广播拓扑发现请求。T_{WB} 反比于它与黑色节点之间的距离。

(3)当白色节点收到来自灰色节点的拓扑发现请求时,将标记为深灰色并继续广播拓扑发现请求,然后等待一段时间(同样与距离成反比)。如果在等待期间收到来自黑色节点的拓扑发现请求,则改变为灰色,否则它自己成为黑色。

(4)当白色节点收到来自深灰色节点的拓扑发现请求时,等待一段时间(同样与距离成反比)。如果在等待期间收到来自黑色节点的拓扑发现请求,则改变为灰色,否则它自己成为黑色。

(5)所有已经被标记为黑色或者灰色的节点,都将忽略其他节点的拓扑发现请求。

四色法示意图如图 2-4 所示。图中假设节点 a 是初始节点,被标记为黑色,并广播拓扑发现请求。节点 b 收到来自 a 的拓扑发现请求,被标记为灰色,并各自等待一段时间后广播拓扑发现请求。节点 c 和 e 都接收到来自 b 的拓扑发现请求,被标记为深灰色,继续广播拓扑发现请求启动计时器(即等待一段时间)。节点 d 收到来自 c 的拓扑发现请求,等待一段时间,假设这段时间内没有收到任何来自标记为黑色节点的拓扑发现请求;于是节点 d 标记为黑色,并广播拓扑发现请求。假设节点 c 在等待期间收到了 d 的拓扑发现请求,被标记为灰色;假设节点 e 在等待期间没有收到任何来自标记为黑色节点的拓扑发现请求,被标记为黑色。

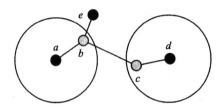

图 2-4　四色法示意图

与三色法相比,四色法形成的簇数目更少,簇与簇之间的重叠区域也更小。但是可能形成一些孤立的标记为黑色的节点(图 2-4 中的节点 e)不覆盖任何灰色节点。虽然三色法和四色法所形成的黑色节点数目相当,但四色法中传输的数据量要少一些。

TopDisc 算法利用图论中的典型算法,提出了一种有效方法来构建网络的近似拓扑,是分簇算法中的经典算法。它是一种只需要利用局部信息、完全分布式的、可扩展的网络拓扑控制算法。不过也存在有待改进的地方,比如算法开销偏大,另外没有考虑节点的剩余能量。

2.3.2　GAF 算法及其改进算法

GAF(Geographical Adaptive Fidelity)算法是针对无线传感器网络节点部署密集的特点提出来的。它根据节点的地理位置信息和节点的无线电发射半径将网络部署区域划分为虚拟单元格。节点按照其位置信息被划入到相应的单元格中。从分组转发的角度来看,地理位置邻近的节点在数据转发过程中所起的作用基本是等价的,所以 GAF 算法使每个虚拟单元格中保持只有一个节点处于活动状态(即为簇头节点),其他节点处于非活动状态。

GAF 算法中,每个节点可以处于三种不同状态,即休眠、发现和活动状态。状态间的转换过程如图 2-5 所示。

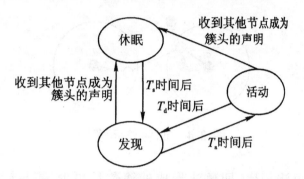

图 2-5 GAF 算法中节点状态转换图

初始状态下,所有节点处于发现状态。当节点处于发现状态下,节点交换发现消息来获得同一虚拟单元格中其他节点的信息。发现消息由节点 ID、节点状态、虚拟单元格 ID、节点活动时间估计等信息组成(节点根据其位置信息和虚拟单元格大小确定虚拟单元格的 ID)。

当节点进入发现状态时,它设置一个计时器 D。一旦计时器 D 超时 T_d,节点广播发现消息,同时转换到活动状态。如果在计时器超时之前,节点收到其他节点成为簇头节点的声明,则取消计时器,关闭无线电发射模块,进入休眠状态。计时器的设置降低了多个节点同时成为簇头节点,发生冲突的概率。

当节点进入活动状态时,它设置一个计时器 A,表示节点将处于活动状态的时间。一旦计时器 A 超时 T_a,节点转换到发现状态。在节点处于活动状态期间,以时间间隔 T_d 重复广播发现消息,以便压制其他处于发现状态的节点进入活动状态。在计时器 A 超时 T_a 后,节点转入发现状态。当节点进入休眠状态时,启动一个计时器 A,在 A 超时之后转入到发现状态。

GAF 算法采用负载均衡策略使得节点的能量消耗尽量均衡,以延长网络生存时间。其背后的思想是把网络中的所有节点视为等同地位,没有理由过于"处罚"其中某些节点。GAF 算法采用负载均衡策略具体描述如下:节点在保持活动状态 T_a 时间后,转换到发现状态,使得同一虚拟单元格中的其他节点有机会进入活动状态成为簇头节点。节点剩余能量越多,成为簇头节点的几率就越大。由于旧的簇头节点处于活动状态时,虚拟单元格中的其他节点都处于休眠状态,由此旧的簇头节点的剩余能量很可能就少很多,于是它继续本轮簇头竞争中成为簇头节点的几率就小一些。仿真实验表明,GAF 算法所延长的网络生存周期正比于节点密度,即虚拟单元格中的平均节点数。

GAF 算法是无线传感器网络研究领域中较早采用让部分节点进入休眠状态以减小能量消耗的拓扑控制算法。GAF 算法提出的节点状态转换机制和按虚拟单元格划分簇的思想具有重要意义。不过它是基于平面模型,并没有考虑到实际网络中节点之间距离的邻近并不能代替节点之间的直接通信问题。另外很重要一点是,它的前提是假设节点能够获悉自己精确的位置信息,而节点位置信息的获取又是无线传感器网络中有待解决和正在研究的另一个重要问题——节点定位(第 3 章)。

Stani 提出了一种改进型的 GAF 算法。在改进的算法中设计了两种不同的簇头选择机制——GAF-FULL 簇头选择法和 GAF-RANDOM 簇头选择法。

在 GAF-FULL 簇头选择法中,需要每个节点能够预先获得其自身的位置、虚拟单元格 ID,同一虚拟单元格中其他节点的 ID,全局的网络时间(用于时间同步)等信息。具体的簇头选择方法是:对于某个虚拟单元格,假设其中有 N 个节点,分别编号为

$0,1,\cdots,N-1$。初始时刻为 T_0，每步操作时间 T_s。

对于 $n\neq 0$ 和 $n\neq N-1\times$ 节点，其执行工程如下：

（1）在 $T_0+(n-1)T_s$ 时刻，打开通信模块，接收来自节点 $n-1$ 的消息 $M=(E_{max},m)$（此处 E_{max} 和 m 分别表示本虚拟单元格的所有节点中最大剩余能量和对应的节点 ID）。假设节点 n 估计当本次算法执行完毕后剩余能量为 E_p，则按照 $E_{max}=\max\{E_{max},E_p\}$ 以及如果 $E_{max}=E_p$ 则 $m=p$ 的规则修改消息 $M=(E_{max},m)$。

（2）在 T_0+nT_s 时刻，发送消息 $M=(E_{max},m)$，然后关闭通信模块。

（3）在 T_0+NT_s 时刻，打开通信模块，接收消息 $M=(E_{max},m)$，此时 m 是新产生的簇头 ID，E_{max} 是其剩余能量。如果 $n\neq m$，则关闭通信模块。

对于 n＝0 和 $n=N-1$ 节点，其执行过程有些不同：节点 0 在 T_0 时刻发送消息（E_0 ,0），然后在 T_0+NT_s 时刻执行上述的步骤（3）；节点 $N-1$ 在 $T_0+N\times T_s$ 时刻发送消息 $M=(E_{max},m)$，如果发现自己不是簇头节点，则关闭通信模块。对于一个含有 4 个节点的虚拟单元格，整个执行过程如图 2-6 所示。

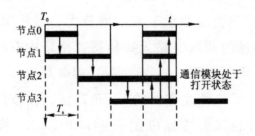

图 2-6　GAF-FULL 簇头选择法的时序（ $N=4$ ）

在实际情况中，节点很可能无法获得所在虚拟单元格中所有节点的信息，这时 GAF-FULL 簇头选择法就不再适用。对此，Stani 提出了另外一种方法——GAF-RANDOM 簇头选择法。该方法假设每个节点具有预先获得其自身的位置、所在虚拟单元格ID、全局的网络时间（用于时间同步）以及检测无线信道冲突等能力。对于虚拟单元格中的某个节点 n，其 GAF-RANDOM 簇头选择法执行过程的伪码描述如下：

END＝false；

While(END＝＝false){

以成功概率为 p 进行随机判决；

如果判决成功,发送消息 $M＝(E_n,n)$;否则节点进入侦听接收状态；

如果没有收到其他任何节点发送的消息 M 或者与其他节点发生消息冲突,则继续；

END＝true；

如果本次判决失败,则关闭通信模块；

}

上述伪码的详细解释如下:节点 n 随机判决它是否成为簇头节点(判决成为簇头节点的概率为 p)。如果判决成为簇头节点,则发送消息 $M＝(E_n,n)$;如果判决不成为簇头节点,则节点进入侦听接收状态,等待其他成为簇头节点广播消息 M 。如果在本次簇头竞争中没有任何节点判决自己成为簇头节点,或者由多个节点判决成为簇头节点,则重新开始新一轮的簇头选择。如果节点 n 没有成功成为簇头节点,并且有其他节点成功成为簇头节点,则节点 n 关闭其通信模块。

令 S 表示上述循环测试直到产生新的簇头节点为止所循环的次数。显然, S 依赖于判决成功概率 p ,并且 S 服从参数为($1-q$)的几何分布, $q＝1-Np(1-p)^{N-1}$,那么到产生新的簇头节点为止循环次数小于 k 的概率 $p_r(S<k)＝1-q^k$ 随着 k 的增大收敛于 1 ,且 q 值越小收敛速度越快。理所当然, q 值越小算法性能越好。很简单, q 在 $p＝\dfrac{1}{N}$ 时取得最小值 $1-\left(1-\dfrac{1}{N}\right)^{N-1}$,当 N 非常大时, $q＝1-Np(1-p)^{N-1}$ 。因此合理设置成功判决概率,可使得产生新的簇头节点之前循环测试的次数 S 的期望值 $E(S)＝\dfrac{1}{1-q}\approx e$,这在实际网络分簇算法中是可以接受的。

Stani 提出了这两种簇头选择方法依然是针对节点部署密度高的情况,算法所延长的网络生存周期正比于节点密度。有待进一步讨论的是,这两种方法仍旧需要节点具有获悉自己精确的位置信息能力,这对无线传感器网络本身也是需要解决的关键技术。此外,它们还假设同一虚拟单元格中节点之间保持时间同步,而时间同步也是无线传感器网络中正在研究的热点问题。①

2.3.3　LEACH 算法

LEACH 算法是微传感器网络中,面向具有数据融合,结合了基于分簇的能量有效的路由和 MAC 的协议体系。它在系统寿命、延迟等其他性能上表现良好。LEACH 算法假设节点具有改变其发射功率、支持多种 MAC 协议及进行信号处理的能力,以及所有节点都能与汇集节点通信。LEACH 算法中,相邻的节点动态形成簇,并由簇中的某个节点担任簇头。所有非簇头节点把数据发送到簇头,簇头对接收到的数据进行处理(数据融合)后把结果发送到汇集节点(例如基站)。

每一次 LEACH 算法的执行被称为一轮(round)。每轮由构建阶段和稳态阶段组成。在构建阶段,节点被分成若干个簇,并产生相应的簇头;在稳态阶段,数据从簇内非簇头节点被发送给簇头,在簇头节点上被经过处理后,发送到汇集节点,如图 2-7 所示。

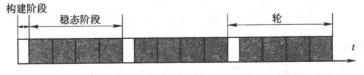

图 2-7　LEACH 算法的两个阶段示意图

---

①　王殊,阎毓杰,胡福平等.无线传感器网络的理论及应用.北京:北京航空航天大学出版社,2007:131—134

　　LEACH 算法希望在每轮执行过程中形成 k 个簇。每个节点 i 在第 $r+1$ 轮的开始(时间上为 t)以概率 $P_i(t)$ 将自己选择为簇头,概率 $P_i(t)$ 的选取遵循使得网络中每轮执行过程中形成的簇数的期望值为 k。LEACH 算法针对整个的初始阶段节点是否具有相等的能量给出了相应的概率 $P_i(t)$ 的计算公式,即

$$P_i(t) = \begin{cases} \dfrac{k}{N - k\left(r \bmod \dfrac{N}{k}\right)}, & C_i(t) = 1 \\ 0, & C_i(t) = 0 \end{cases} \qquad (2-3)$$

$$P_i(t) = \min\left\{\frac{E_i(t)k}{E_{\text{total}}(t)}, 1\right\} \qquad (2-4)$$

式中,如果节点 i 在最近的 $r \bmod \dfrac{N}{k}$ 轮中担任过簇头节点,则

$C_i(t) = 0$;否则,$C_i(t) = 1$。$E_{\text{total}}(t) = \displaystyle\sum_{i=1}^{N} E_i(t)$。

　　如果初始阶段节点具有相等的能量则利用式(2−3)计算,否则利用式(2−4)计算。式(2−3)的计算完全是自治的,而式(2−4)的计算则需要节点之间相互交换信息来获得整个网络中节点的总能量,可以利用簇内节点的平均能量乘以节点总数 N 的办法求近似值。

在节点确定自己成为簇头后,采用非持续 CSMA 的 MAC 协议广播一个 ADV(advertisement)消息。非簇头节点在接收到周围簇头节点的 ADV 消息后,根据接收信号强度确定加入到哪个簇当中(选择接收信号强度最大的那个簇头)。一旦非簇头节点决定加入到哪个簇之后,采用非持续 CSMA 的 MAC 协议向所选择的簇头发送一个 Join-REQ(Join-Request)消息,通知簇头将成为它的一个成员。在收到非簇头节点的 Join-REQ 消息后,回复一个 TDMA 调度消息。在簇内的节点都收到 TDMA 调度消息后,本轮的构建阶段就算已经结束。

　　图 2-8 是 LEACH 算法中两轮分簇结果示意图。图中具有相

同标记的节点属于同一个簇,黑色圆点表示簇头。

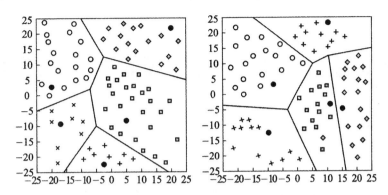

图 2-8　LEACH 算法中动态分簇示意图

稳态阶段被分成时间长度相等的时隙,簇内节点只能在特定的时隙内向簇头节点发送数据。簇头节点在收到一定数据后,进行数据融合,去除冗余数据信息,提取关键信息,然后将结果发送给汇集节点。

LEACH 算法在性能上表现不错,不过也还有可以改进的余地。LEACH 算法假设簇内节点在属于它们的时隙都有数据发送到簇头节点,而实际情况可能是节点只有在侦测到具体事件后才发送数据,此时簇内的通信机制需要有所修改。此外,LEACH 算法也假设所有节点都能够直接与汇集节点直接通信,这对 LEACH 算法的可扩展性带来一些限制。可以采用多跳路由方法来解决这个问题;或者采用层次性结构,在簇头节点中再产生更高层次的"超级簇头",簇头把处理后的数据传送给这些"超级簇头",然后由"超级簇头"负责把数据发送给汇集节点。[①]

---

① 王殊,阎毓杰,胡福平等.无线传感器网络的理论及应用.北京:北京航空航天大学出版社,2007:134-135

第3章　无线传感器网络的节点定位

在无线传感器网络中,确定传感器节点自身位置和确定事件发生的位置是网络的基本功能之一。而传感器节点定位在整个无线传感器网络体系中占有重要的地位,是无线传感器网络的支撑技术之一。首先,需要节点位置信息来确定事件发生的来源地,例如被监控的车辆的地点、森林火灾发生的位置、战场上敌方车辆运动的区域等;其次,无线传感器网络的一些系统功能需要节点位置信息,如确定无线传感器网络覆盖的范围等;最后,许多无线传感器网络协议也都利用了节点的位置信息。因此,随着无线传感器网络技术的不断发展,将会出现很多基于地理位置信息的协议和应用。基于上述原因,无线传感器网络节点定位技术已经成为一个很重要的研究方向。

3.1　概述

无线传感器网络主要用来监测网络部署区域中各种环境特性,比如温度、湿度、光照、声强、磁场强度、压力/压强、运动物体的加速度/速度、化学物质浓度等等(不同的特性可能需要不同的传感器),但对这些传感数据在不知道相应的位置信息的情况下,往往是没有意义的。换句话说,传感器节点的位置信息在无线传感器网络的诸多应用领域中扮演着十分重要的角色。在无线传感器网络的许多应用场合,诸如水文、火灾、潮汐、生态学研究、飞行器设计等课题中,采用无线传感器网络进行信息收集和处理。传感节点主要发回所处位置的物理信息数据,如酸碱度、温度、水位、压力、风速等,这些数据必须和位置信息相捆绑才有意义,甚至有时需要传感器发回单纯的位置信息。在军事战术通信网中,位置管理和配置管理是两大课题。分布在海、陆、空、天的舰船、战车、飞行器、卫星以及单兵等临时构成了战场上的自组网。由自组网中各节点的互通信,指挥官可以完成对整个战场态势的认知和把握。节点的位置信息是作战指挥的关键依据,节点发回的战术信息无不与该节点当时所处位置有关,没有位置信息的支持,这些战术信息将没有意义。在目标跟踪应用中,结合节点感知到的运动目标的速度和节点所在位置,可以监视目标的运动路线并预测目标的运动方向。再如监测某个区域的温度,如果知道节点的位置信息就可以绘制出监测区域的等温线,在空间上分析监测区域的温度分布情况。

除此以外,节点位置信息还可以为其他协议层的设计提供帮助。在应用层,节点位置信息对基于位置信息选择服务的应用是不可缺少的;在通过汇聚多个传感器节点的数据获得能量保护方面,位置信息也非常重要。在网络层,位置信息与传输距离的结合,使得基于地理位置的路由算法成为可能。研究表明,基于节点位置信息的路由策略能够更加有效地通过多跳在无线传感器网络中传播信息,这些典型协议包括 Niculescu 提出的 TBF 路由算法、He 提出的 SPEED 实时通信协议、Ko 提出的基于位置信息的 LAR 可扩展路由协议和 Xu 提出的能量有效路由方法等。

传感器节点通常是用飞机等工具随机地部署到监测区域中的,因此无法预先确定节点部署后的位置,只能在部署完成后采用一定的方法进行定位。目前使用最广泛的定位系统当属全球定位系统(Global Positioning System,GPS),因此获得节点位置的直接想法就是利用 GPS 来实现;但由于其在价格、功耗、适用范围以及体积等方面的制约使得很难完全应用于大规模无线传感器网络。此外在无线传感器网络的室内应用中,GPS 会由于接收不到卫星信号而失效。特别是在战争环境下,GPS 卫星系统很可能被损毁,军方还可以在局部区域内增加 GPS 干扰信号的强度,使敌对方利用 GPS 时定位精度严重降低,无法用于军事行动。此外,在机器人研究领域,也有不少关于定位的研究,但所提出的一些算法一般不用关心计算复杂度问题,同时也有相应的硬件设备支持,所以也不适用于无线传感器网络。

由此,如何确定无线传感器网络中节点的位置信息称为节点定位,成为必须解决的关键问题之一。所谓节点定位,即通过一定的技术、方法和手段获取无线传感器网络中节点的绝对(相对于地理经纬度)或相对位置信息的过程。由于节点硬件配置低,能量、计算、存储和通信能力有限,因此对节点定位提出了较大的挑战。无线传感器网络的特点使得定位算法一般要满足以下特性:

(1)自组织。由于无线传感器网络通常没有基础设施的支持,这就要求定位算法具有自组织特性。

(2)能量有限。能量有限是节点的一大特点,因此定位算法要尽量降低计算复杂度和通信数据量以节约能量,延长网络寿命。

(3)分布式。无线传感器网络通常是大规模部署网络,节点数目多,定位任务将不会是单个节点所能承担的,这就需要定位算法具有一定的分布式,把任务分派到各个节点。

(4)鲁棒性。由于节点硬件配置低、容易失效等,因此要求定位算法具有较强的容错性。

(5)可扩展性。无线传感器网络中的节点数目可能是成千上万甚至更多,为了满足对不同规模的网络的适用性,定位算法必须具有较强的可扩展性。

"位置"这个概念天生就依赖于某个预先确定的参照系。换句话说,所有的位置都是相对的;同样,在没有相应的坐标系的情况下讨论某个物体的坐标也是毫无意义的。本章中,假设总是存在这么一个合适的全局坐标系,至于该全局坐标系的具体细节对于定位算法来说并不重要。事实上,这些细节是面向具体应用的。

3.2　节点定位技术基础

3.2.1　基本概念

(1)导标节点。网络中在初始化阶段具有相对某全局坐标系的已知位置信息的节点,可以为其他节点提供位置参考标志。通常导标节点在节点总数中所占比例比较小,可以通过装备 GPS 定位设备或手工配置、确定部署等方式来预先获得位置信息。也有文献将导标节点称为"锚节点"。

(2)未知节点。导标节点以外的节点就称为"未知节点"。这些节点不能预先获得位置信息,节点定位的过程就是获得这些节点的位置。也有文献将未知节点称为"盲节点"。

(3)邻居节点。每个节点的通信距离范围之内的所有节点集。

(4)网络密度。指单个节点通信覆盖区域的传感器节点平均数目,通常记为 $\mu(R)$。如果 N 个节点抛撒在面积为 A 的区域,节点通信距离为 R,则 $\mu(R) = \dfrac{N\pi R^2}{A}$。

(5)节点度。节点的邻居节点数目。

(6)跳数。两个节点之间的跳段总数。

(7)跳距。两个节点之间的各跳段的距离之和。

3.2.2 定位算法分类

无线传感器网络节点定位算法的分类方法很多,最常见的有5种。

1.基于测距的定位算法和基于非测距的定位算法

根据定位算法是否需要通过物理测量来获得节点之间的距离(角度)信息,可以把定位算法分为基于测距的定位算法和非基于测距的定位算法两类。前者是利用测量得到的距离或角度信息来进行位置计算,而后者一般是利用节点的连通性和多跳路由信息交换等方法来估计节点间的距离或角度,并完成位置估计。基于测距的定位算法总体上能取得较好的定位精度,但在硬件成本和功耗上受到一些限制。在硬件和功耗限制较为苛刻时,基于非测距的定位算法是一种低成本、高效率的取代方法。室内定位系统 Cricket、AHLos(Ad-Hoc Localization System)算法、基于 AOA 的 APS 算法(Ad Hoc Positioning System)、RADAR 算法、LCB 算法(Localizable Collaborative Body)和 DPE(Directed Position Estimation)算法等都是基于测距的定位算法;而质心算法(Centroid Algorithm)、DV-Hop(Distance Vector-Hop)算法、移动导标节点(Mobile Anchor Points,MAP)定位算法、HiRLoc 算法、凸规划(Convex Optimization)算法和 MDS-MAP 算法等就是典型非基于测距的定位算法。

2.基于导标节点的定位算法和基于非导标节点的定位算法

根据定位算法是否假设网络中存在一定比例的导标节点,可以将定位算法分为基于导标节点的定位算法和基于非导标节点的定位算法两类。对于前者,各节点在定位过程结束后可以获得相对于某个全局坐标系的坐标,对于后者则只能产生相对的坐标,在需要和某全局坐标系保持一致的时候可以通过引入少数几个导标节点和进行坐标变换的方式来完成。基于导标节点的定位算法很多,例如质心算法、DV-Hop(Distance Vector-Itop)、AHLos、LCB 和 APIT(Approximate Point-In-Triangulation Test)算法等;而 ABC(Assumption Based Coordinates)算法和 AFL(Anchor-Free Localization)算法是典型的非基于导标节点的定位算法。

3. 细粒度定位算法和粗粒度定位算法

根据定位算法所需信息的粒度可将定位算法分为:细粒度定位算法和粗粒度定位算法。根据接收信号强度、时间、方向和信号模式匹配(Signal Pattern Matching)等来完成定位的被称为"细粒度定位算法";而根据节点的接近度(Proximity)等来完成定位的则称为"粗粒度定位算法"。Cricket、AHLos、RADAR、LCB 等都属于细粒度定位算法;而质心算法、凸规划算法等则属于粗粒度定位算法。

4. 物理定位算法与符号定位算法

定位算法可以提供两种类型的定位结果:物理位置和符号位置。例如,某一个节点位于 $47°39'41''$N,$126°16'59''$W 就是物理位置;而某个节点位于建筑物的 123 号房间就是符号位置。根据定位结果的类型可以分为物理定位(Physical Position)算法和符号定位(Symbolic Location)算法两类。一定条件下,物理定位和符号定位可以相互转换。与物理定位相比,符号定位更适于某些特定的应用场合。例如,在安装有无线烟火传感器网络的智能建筑物中,管理者更关心某个房间或区域是否有火警信号,而不是火警发生地的经纬度。大多数定位算法都提供物理定位,符号定位的典型算法有 Active Badge、微软的 Easy Living 等,Cricket 定位系统则可根据配置实现两种不同形式的定位。

5.递增式定位算法和并发式定位算法

根据计算节点位置的先后顺序可以将定位算法分为递增式 (Incremental)定位算法和并发式(Concurrent)定位算法两类。递 增式定位算法通常是从 3～4 个节点开始,然后根据未知节点与 已经完成定位的节点之间的距离或角度等信息采用简单的三角 法或局部最优策略逐步对未知节点进行位置估计。该类算法的 主要不足是具有较大的误差累积。并发式定位算法则是节点以 并行的方式同时开始计算位置。有些并发式的算法采用迭代优 化的方式来减小误差。并发式定位算法能更好地避免局部最小 和误差累积。大多数算法属于并发式的,像 ABC 算法则是递增 式的。

定位算法的分类方法很多,此外还有绝对(Absolute)定位算 法和相对(Relative)定位算法,紧密耦合(Tightly Coupled)定位 算法和松散耦合(Loosely Coupled)定位算法,三角测量(Triangu- lation)、场景分析(Scene Analysis)和接近度(Proximity)定位算 法等。

3.2.3 无线传感器网络节点定位的主要技术挑战

目前,无线传感器网络节点定位算法主要还处于理论研究阶 段,已经提出的定位算法都具有各自适用的条件。总的来说,获 得高效、精确的定位算法面临以下问题:

(1)对硬件配置要求低、高能效、高精度的距离或角度测量 技术。

(2)定位算法的复杂度和算法自身引起的通信量要尽量低。

(3)导标节点比例小,或是导标节点过多引起的成本增加。

(4)目前主要研究网络初始化阶段的节点定位,对网络结构 处于动态变化时的节点定位还有待研究。

3.3　基于测距的定位技术

基于测距的定位技术要求待定位节点与参考节点间具有直接测量相互距离或角度的能力。一般来说,基于测距的定位技术实现主要有步骤如下:

(1)测距/测角:测量估计两节点间的距离或角度信息。

(2)定位估计:采用定位方法来获得节点的相对位置或绝对位置。

(3)位置校正:利用与相邻节点间的连通信息及其位置信息来校正待定位节点的位置。

3.3.1　测距/测角技术

通常的距离测量技术包括基于时间的测距技术和基于接收信号能量的测距技术。方位测量技术通常是指测量信号到达传感器节点的角度信息。如果待定位节点和参考节点间不能直接通信,则可利用网络连通性来进行距离估计。

1.基于时间的测距技术

基于时间的测距技术主要有到达时间(TOA)测量法和到达时间差(TDOA)测量法。TOA测量法一般是根据已知信号的传播速度及信号在两节点间的传播时间来计算两节点间的距离。TDOA测量法则通过记录发射信号在两节点间的到达时间差信息,并根据已知的信号传播速度,计算两个节点间的距离差。在传感器网络定位方案中已有多种定位算法使用该技术来实现测距。

使用 TOA 技术要求整个无线传感器网络内所有节点同步，而且需要知道信号的确切发送时刻，同时网络的处理时延和非视距传播会导致误差。TDOA 技术测距精度较高，而且不需知道信号的发送时刻，但也易受非视距传播问题对系统的影响。虽然目前已有一些减轻 NLOS 影响的技术，但都需要大量的计算和通信开销，不能满足低功耗的无线传感器网络应用要求。因此，基于时间的测距方法对系统硬件要求较高，而由于传感器网络节点在硬件尺寸、价格和功耗等方面的限制，影响了这类方法在无线传感器网络中的进一步应用。

2.基于接收信号能量的测距技术

基于接收信号能量的测距技术是已知发射节点的发射信号强度，接收节点根据接收到的信号强度（RSSI），计算出信号的传播损耗，然后利用理论或经验的信号传播模型将传播损耗转化为距离信息。因传感器节点本身具有无线通信能力，故其是一种低功率、廉价的测距技术，RADAR、SpotON 等许多项目中使用了该技术。但是，这种方法测距的局限性很大。因为无线传感器网络工作环境复杂，反射、多径传播、非视距、天线方向等问题都会对相同距离的信号传播产生显著不同的传播损耗，简单的衰减模型不能描述复杂的工作环境。当采用的信号衰减模型不适合所在的环境时，会产生很大的误差。但是，相对于目前无线传感器网络设备小型化和廉价的发展趋势来说，该技术是一种精度较低，但比较适合于无线传感器网络的测距技术。

3.基于连通性的测距方法

如果待定位节点不能与参考节点进行直接通信，则上面的测距技术都无法使用。但可利用节点间的连通性来进行距离估计。如果两节点间能互相直接通信，则它们间距离必然以很高的概率小于 R，其中 R 为节点的最大通信距离。这样，简单的连通数据可用来进行距离估计。一般来说,如果已知两节点 s_i 和 s_j 间的跳数 h_{ij} ,则必然有它们间的距离 $d_{ij} < Rh_{ij}$ 。如果知道每个节点的相邻节点个数 n_{local} ,则可得到一个更好的距离估计。

基于连通性的测距技术存在两大问题:首先,节点间的测距误差易累积传播,从而影响了定位性能;其次,环境障碍物可能影响网络的连通性,最终可能会产生很大的测距误差。[①]

4. 基于到达方向的测角技术

基于到达方向的测角技术是接收节点通过天线阵列或多个接收机来估算发射节点信号的到达方向(DOA),从而计算出接收节点和发射节点之间的相对方位或角度信息。MIT 的 The Cricket Compass 等项目中就利用了基于角度的定位算法。但是,该技术易受外界环境影响,如噪声、非视距问题等都会对测量结果产生不同的影响。而且角度测量需要额外硬件,要求传感器节点装有定向天线或天线阵列,这对硬件的要求太高,限制了该技术在大规模的无线传感器网络中的广泛应用。

3.3.2　定位方法

对于基于测距的定位技术来说,提高测距准确度是提高节点定位精度的一个有效途径,难点是测距的实现要受节点能量、硬件复杂度及体积的限制。而在实际应用中,测距准确度是不可能无限提高的,这就需要从算法的角度进一步提高定位精度。这类定位机制中典型的定位方法有三角测量法、三边测量法、多边测量法、双曲线定位法及混合定位法。

---

①　于宏毅,李鸥,张效义等.无线传感器网络理论、技术与实现.北京:国防工业出版社,2010:257—264

1.三角测量法

三角测量法原理如图 3-1 所示。设参考节点 A 和 B 的坐标分别为（ x_A,y_A ）、（ x_B,y_B ），待定位节点 S 的坐标为（ x,y ），节点 S 到参考节点 A 和 B 的角度分别为 α 和 β ，则

$$\begin{cases} \dfrac{y-yA}{x-xA} = \tan\alpha \\[3mm] \dfrac{y-yB}{x-xB} = \tan\beta \end{cases}$$

联立两方程则可求得节点 S 的位置，即为与 A 和 B 连线的交点。对于该定位方法来说，在二维情况下至少需要两个参考节点。

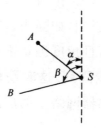

图 3-1　三角测量法

2.三边测量法

三边测量法原理如图 3-2 所示。设参考节点 A 、B 和 C 的坐标分别为（ x_A,y_A ）、（ x_B,y_B ）和（ x_C,y_C ），待定位节点 S 的坐标为（ x,y ），S 到参考节点 A 、B 和 C 的距离分别为 d_{SA} 、d_{SB} 和 d_{SC} ，则

$$\begin{cases} \sqrt{(x-xA)^2+(y-yA)^2} = d_{SA} \\[2mm] \sqrt{(x-xB)^2+(y-yB)^2} = d_{SB} \\[2mm] \sqrt{(x-xC)^2+(y-yC)^2} = d_{SC} \end{cases}$$

利用最小二乘法即可估计出节点 S 的位置。

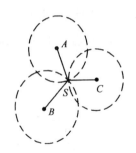

图 3-2　三边测量法

3. 多边测量法

当待定位节点同时测量得到与多个参考节点的距离时, 则可利用多边测量法来进行定位估计, 其原理如图 3-3 所示。设参考节点的坐标为 (x_i, y_i), 待定位节点 S 的坐标为 (x, y), 其到参考节点的测量距离为 $\tilde{d}_{Si}$, 其中 $i = A, B, C, D, E$。设目标函数为 $\min \sum_i (d_{Si} - \tilde{d}_{Si})^2, d_{Si} = \sqrt{(x - x_i)^2 + (y - y_i)^2}$, 则可采用优化算法来最小化待定位节点 S 的估计位置与真实位置间之差。从而估计出 S 的位置。该技术可提供更高的定位精度, 但同时也需要更高的计算开销。

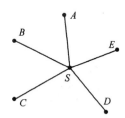

图 3-3　多边测量法

4. 双曲线定位法

当待定位节点测量得到与参考节点间的距离差时, 则可利用双曲线定位法来进行定位估计, 其原理如图 3-4 所示。设参考节点的坐标为(x_i, y_i),待定位节点 S 的坐标为(x, y),其中 $i =$ A, B, C, D 。以节点 A 为参考点,设 S 到两节点的距离差分别为 d_{BA}, d_{CA}, d_{DA} ,则

$$\sqrt{(x-x_j)^2+(y-y_j)^2}-\sqrt{(x-x_A)^2+(y-y_A)^2}=d_{jA},$$
$$j = B, C, D$$

利用最小二乘法即可估计出节点 S 的位置。对于该定位方法来说,在二维情况下至少需要四个参考节点。

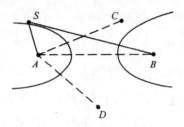

图 3-4　双曲线定位法

5.混合定位法

当待定位节点可同时测量得到与参考节点的距离和角度时,则可利用混合定位法来进行定位估计。典型的有距离/角度混合定位法、双曲线/角度定位法。

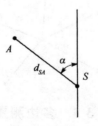

图 3-5　距离/角度混合定位法

距离/角度混合定位法原理如图 3-5 所示,设参考节点 A 的坐标为(x_A, y_A),待定位节点 S 的坐标为(x, y), S 到参考节点 A 的角度为 α 、距离为 d_{SA} ,则

$$\begin{cases} \dfrac{y - y_A}{x - x_A} = \tan\alpha \\[2mm] \sqrt{(x - x_A)^2 + (y - y_A)^2} = d_{SA} \end{cases}$$

联立以上方程则可求得节点 S 的位置。此种定位方法在二维情况下最少只需一个参考节点即可进行定位估计。

双曲线/角度定位法原理如图 3-6 所示。设参考节点 A 和 B 的坐标分别为（x_A，y_A）、（x_B，y_B），待定位节点 S 的坐标为（x，y），S 到参考节点 A 的角度为 α，到两参考节点的距离差为 d_{SA} ，则

$$\begin{cases} \dfrac{y - y_A}{x - x_A} = \tan\alpha \\[2mm] \sqrt{(x - x_B)^2 + (y - y_B)^2} - \sqrt{(x - x_A)^2 + (y - y_A)^2} = d_{AB} \end{cases}$$

联立以上方程则可求得节点 S 的位置。此种定位方法在二维情况下最少需两个参考节点即可进行定位估计。

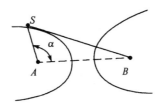

图 3-6　双曲线/角度混合定位法

3.3.3　校正技术

该步骤的目的是校正根据定位方法估计出的节点初始位置。因为在开始的两个步骤中不是利用了所有的可用信息,因此这些位置即使是在高连通度、小测距误差等条件下也不很精确。特别地,当确定了节点到参考节点间距离时,大部分的相邻节点间距离和连通关系都被忽略。

提高定位性能的如下措施。

(1)除去没有与至少三个参考节点有连通的未确定节点。

(2)滤除不均衡拓扑。

(3)将每个节点加上一个置信水平,然后利用加权最小二乘法。该调整可极大地提高校正过程的性能。这主要是由于采用置信水平,即允许滤除不良节点,以覆盖性为代价来增加精度。N跳多边测量法也包括了一个迭代校正过程,但它比起以上所讨论的校正方法要简单得多。特别地,它们不利用加权值,而是简单的将节点组成所谓的"计算子树"并应用了卡尔曼滤波算法,然后让在子树上的节点以固定的顺序来完成它们的位置校正并收敛到一个预设的阈值。

另外,还可利用额外的约束来识别并消除差的测距数据,典型的约束有:①从节点 A 到节点 B 的距离应近似等于从节点 B 到节点 A 的距离($r_{AB} \approx r_{BA}$);②节点 A、B 和 C 两两节点间距离应满足三角不等式($r_{AB} + r_{AC} \geqslant r_{BC}$)。

3.4　基于非测距的定位技术

基于测距的无线传感器网络节点定位技术一般都是利用一些基础设施来测量节点间的距离或者角度等来估算未知节点同信标节点之间的距离的。在无须测距节点定位算法中,不需要利用这些基础设施来测量未知节点同信标节点之间的距离和角度这些信息,只需要根据未知节点同信标节点是否连通,或者未知节点与信标节点之间的跳数来度量。

3.4.1　基本原理

1.基于连通性的定位

连通性(Connectivity)是指两个节点是否连通,在不同的文献中有不同的定义,有的以接收到的信号强度为依据,有的以接收到的信号数量为依据。下面以信号强度为例来说明连通性的概念。

基于连通性的定位可以根据一个节点能否成功解调其他节点传来的数据包作为依据。如果一个节点能够成功地解调从某个其他节点传送过来的数据包,那么两者是连通的;反之,如果节点接收到的信号强度过小,而不能解调某个其他节点传送过来的数据包,那么两者就是不连通的。由于接收信号强度是一个取决于未知衰落信道的随机变量,因此连通性也是一个随机变量。

如果节点 i 和节点 j 连通,则表示节点 i 能够通过感知、通信等途径,确定节点 j 在自己周围的一定范围内,但不知道具体的距离和方向。确切地说,节点 i 和节点 j 之间的连通性测量 Q_{ij},可以依据接收信号强度表示成 0 或 1 的二元变量模型,即

$$Q_{ij} = \begin{cases} 0, P_{ij} \geqslant p_i \\ 1, P_{ij} < p_i \end{cases}$$

式中, P_{ij} 是节点 i 收到的从节点 j 发出的信号的强度,dBm; P_i 是数据包刚好能被解调所需的最小接收信号阈值强度。[①]

2.基于跳数的定位

在无线传感器网络中,节点间最基本的通信方式是洪泛,所

---

① 刘伟荣,何云.物联网与无线传感器网络.北京:电子工业出版社,2013:150—155

以很多节点定位机制都是采用两个节点之间的跳数(Hop)来估计节点之间的距离的。跳数原理就是对信标节点信息洪泛的过程进行跳数统计,通过统计未知节点与信标节点之间的跳数,然后根据信标节点之间的距离和跳数估算出全网每一跳的平均距离,二者相乘,即可得到两个节点之间的距离。

图3-7所示为单个信标节点消息的传播过程。节点 M 的信息是按照跳数向四周发送的。一般来说,随着跳数的增加,节点间的距离也相应增大。总体来说,基于连通性和跳数的定位算法,虽然精度较低,但具有无需额外硬件、能耗较低、受环境影响较小等优点,在硬件尺寸和功耗上更适合大规模低能耗的无线传感器网络,是目前备受关注的定位机制。

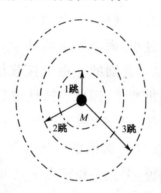

图 3-7   信标节点的信息传播

3.4.2   典型算法

1. 质心定位算法

质心定位算法是南加州大学的 Nirupama Bulusu 等学者提出的一种仅基于网络连通性的室外定位算法。该算法的核心思想是:全网约定一段时间 t 为定位时间。时间 t 为

$$t = (S + 1 - \xi) \times T$$

式中，T 为发信号的时间间隔；S 为 t 时间内要发送的消息个数；ξ 为小于 1、大于 0 的常数。

在这段时间 t 内，信标节点每隔时间 T 向邻居节点广播一个信标信号，信号中包含自身的位置信息。未知节点记录从每个发来信号的信标节点接收到的信标信号数量。i 时间结束后，未知节点计算与各个信标节点之间的通信成功率指标 CM_i，即

$$CM_i = \frac{N_{\text{revc}}(i,t)}{N_{\text{sent}}(i,t)} \times 100\%$$

式中，$N_{\text{revc}}(i,t)$ 表示 f 时间内收到来自信标节点 f 的信号数；$N_{\text{sent}}(i,t)$ 表示信标节点 i 共发送的信号数。

之后，未知节点选择通信成功率 CM_i 大于某一个预设门限值（一般为 90%）的信标节点作为参照，约定此信标节点与未知节点是连通的，认为未知节点是这些信标节点所组成的多边形的几何中心，计算该多边形的质心作为该节点的估测坐标。质心定位算法的原理如图 3-8 所示。

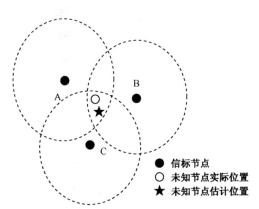

图 3-8　质心定位算法原理图

多边形的几何中心称为质心，多边形顶点坐标的平均值就是质心节点的坐标。当未知节点接收到所有与之连通的信标节点的位置信息后，就可以根据这些信标节点所组成的多边形的顶点坐标来估算自己的位置了。假设这些坐标分别为（x_1，y_1）、（x_2，

y_2)、$\cdots$、(x_k , y_k),则未知节点的坐标(x_{est} , y_{est})为

$$(x_{est}, y_{est}) = \left(\frac{x_1 + \cdots + x_k}{k}, \frac{y_1 + \cdots + y_k}{k} \right)$$

通过以上研究,可以发现质心定位算法的优点是实现非常简单,完全基于网络连通性,无须信标节点和未知节点间协调。所以,质心定位算法奠定了 Range.Free 定位机制的基石。但质心定位算法假设节点都拥有理想的球形无线信号传播模型,而实际上无线信号的传播模型与理想中有很大差别。另外,用质心作为未知节点的实际位置本身就是一种估计,在定位精度上不是非常令人满意的。这种估计的精确度与信标节点的密度以及分布有很大关系,密度越大,分布越均匀,定位精度越高。[①]

2. APIT 定位算法

APIT 定位算法的理论基础是最佳三角形内点测试法 PIT (Perfect Point-In-Triangulation Test)。PIT 理论为判断某一点是否在三角形内,假如存在一个方向,沿着这个方向点会同时远离或接近三角形的三个顶点,那么点位于三角形外;否则,点位于三角形内,PIT 原理如图 3-9 所示。

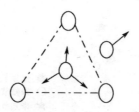

图 3-9　PIT 原理图

无线传感器网络中大部分节点是静止的,无法像上面所述一样靠移动节点执行 PIT 测试,为了在静态网络中执行 PIT 测试,定义了 APIT 测试。

---

① 刘伟荣,何云.物联网与无线传感器网络.北京:电子工业出版社,2013:150—155

APIT 定位算法最关键的步骤是测试未知节点是在三个信标节点所组成的三角形内部还是外部。由于 PIT 测试可以用来测试一个点是在其他三个节点所组成的三角形内部还是在其外部，APIT 算法是基于 PIT 测试原理的改进，可利用 WSN 较高的节点密度和无线信号的传播特性来判断是否远离或靠近信标节点。通常在给定方向上，一个节点距离信标节点越远，接收信号的强度越弱。通过邻居节点间信息交换，来仿效 PIT 测试的节点移动。如图 3-10(a)所示，位置未知节点通过与邻居节点 1 交换信息，得知自身如果运动至节点 1，将远离信标节点和，但会接近信标节点 4，与邻居节点 2、3、4 的通信和判断过程类似，最终确定自身位于三角形中；而在图 3-10(b)中，当节点 4 可知自身运动至邻居节点 2 处，将同时远离信标节点，故判断自身不在三角形中。

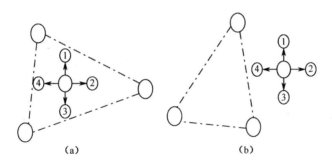

(a)　　　　　　　　　　(b)

图 3-10　APIT 原理图

在 APIT 算法中，一个位置未知节点任选三个相邻信标节点，如果通过测试发现自己位于它们所组成的三角形中，则认为该三角形的质心即为未知节点的位置，然后进一步选用不同信标节点的组合重复测试直到穷尽所有组合或达到所需定位精度为止；最后计算包含目标节点的所有三角形的交集质心，并以这一点作为未知节点的最终位置。

APIT 定位的具体步骤如下：

(1)收集信息：未知节点收集邻近信标节点的信息，如位置、标识号、接收到的信号强度等,邻居节点之间交换各自接收到的信标节点的信息。

(2)APIT 测试:测试未知节点是否在不同的信标节点组合的三角形内部。

(3)计算重叠区域:统计包含未知节点的三角形,计算所有三角形的重叠区域。

(4)计算未知节点位置:计算重叠区域的质心位置,作为未知节点的位置。

从该算法的定位原理可以看出,每一个未知节点都需要若干个相邻的信标节点,因此,这种算法要求较高的信标节点密度。另外,为保证每个未知节点都可以定位,应避免未知节点处于网络边缘。

3. DV-Hop 算法

DV-Hop(Distance Vector-Hop)算法的基本思想是将未知节点到信标节点之间的距离用网络中节点的平均每跳距离和两节点之间跳数的乘积来表示,然后再使用三边测量法或极大似然估计法来获得未知节点的位置信息。

DV-Hop 算法的定位过程分为以下阶段:

(1)第一阶段,计算未知节点与每个信标节点的最小跳数。使用典型的距离矢量交换协议,使网络中所有节点获得与信标节点之间的跳数。在算法开始的时候,每个信标节点都发出一个包括自己位置信息、地址和跳数值为 0 的位置信息包,它们周围所有跳数为 1 的邻居都收到这样的信息,将信标节点的位置信息和跳数记录下来,并将收到信息包的跳数值加 1,再向自己的邻居节点广播。这个过程一直持续下去,直到网络中每个节点都获得每个信标节点的位置信息和相应的跳数值为止。由于广播是全向传播的,一个信标节点发出的广播信息可能会多次到达一个节点,这导致了节点可能会收到很多多余的广播信息。为了防止广播信息的无限循环,只有最新收到的信息才被重新广播。最新信息是指该节点最近收到的来自某个信标节点的信息包中的跳数小于之前已经收到的来自该信标节点的跳数。如果收到的信息是最新的信息,就会引起一个新的广播,而旧的信息则被丢弃,不会再进行广播。

(2)第二阶段计算未知节点与信标节点的平均每跳距离。在每个信标节点根据第一阶段获得的其他信标节点位置和相隔跳数之后,计算网络平均每跳距离,即

$$HopSize_i = \frac{\sum_{j \neq i} \sqrt{(x_i - x_j)^2 + (y_i - y_j)^2}}{\sum_{j \neq i} h_{ji}} \qquad (3-3)$$

式中,(x_i, x_j)、(y_i, y_j) 是信标节点 i 和 j 的坐标;h_{ji} 是信标节点 i 和 $j(i \neq j)$ 之间的跳数。

在实验中发现,当总跳数大于一定的值之后,每个节点所计算的平均每跳距离基本一样。这个值与网络的平均连接度呈近似反比关系,即节点分布越密集的网络的平均每跳距离也越小。

(3)第三阶段利用三边测量法计算自身位置。在未知节点获得与 3 个或 3 个以上信标节点的距离后,执行三边测量定位。

该算法只需要较少的信标节点,计算和通信开销适中,不需要节点具备测距能力,是一个可扩展的算法,但是该算法对信标节点的密度要求较高,对于各向同性的密集网络,才可以得到合理的平均每跳距离,从而能够达到适当的定位精度。但对于网络拓扑不规则的网络,定位精度将迅速下降,不适合采用 DV－Hop 算法。此算法在网络平均连通度为 10,信标节点比例为 10% 的各向同性网络中平均定位精度大约为 33%。[①]

---

① 刘伟荣,何云.物联网与无线传感器网络.北京:电子工业出版社,2013:150－155

4.凸规划定位算法

加州大学伯克利分校的 Doherty 等将节点间点到点的通信连接视为节点位置的几何约束,把整个网络模型化为一个凸集,从而将节点定位问题转化为凸约束优化问题,然后使用线性矩阵不等式(LMD)、半判定规划(SDP)或线性规划(LP)方法得到一个全局优化的解决方案,以确定节点位置。同时也给出了一种计算未知节点有可能存在的矩形空间的方法。凸规划定位原理图,如图 3-11 所示。根据未知节点与信标节点之间的通信连接和节点无线通信射程,可以估算出未知节点可能存在的区域(图 3-11 中阴影部分),并得到相应矩形区域,然后以矩形的质心作为未知节点的位置。

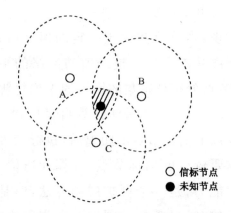

○ 信标节点
● 未知节点

图 3-11 凸规划定位原理图

阴影部分代表未知节点可能存在的区域,矩形是以阴影部分的各个顶点为边界所构成的。

凸规划是一种集中式定位算法,定位误差约等于节点的无线射程(信标节点比例为 10%)。为了高效工作,信标节点需要被部署在网络的边缘,否则外围节点的位置估算会向网络中心偏移。

3.4.3　非测距定位技术的性能分析

是否需要信标节点以及信标节点的布置方式对节点定位算法的适用性有较大影响。理想的情况是信标节点可以随机布置并且所占的比率比较低。

与分布式计算相比,集中式定位算法的计算量和存储量几乎没有限制,但存在无法实时定位等缺点。而且因为节点之间的无线通信所消耗的能量比数据处理和计算所消耗的能量要大很多,所以应尽量减少节点之间的无线通信量。因为各个节点的初始能量都是相同的,所以也不宜将大量的通信和计算固定于某个或者某些节点,否则,这些节点的能量会很快耗尽,从而出现网络中部分节点失效的情况。因此,在无线传感器网络中,要求尽量采用分布式的节点定位算法,将定位计算分散在每个未知节点上而不是依赖于某个中心节点。质心定位算法、DV-Hop 定位算法、Amorphous 定位算法、APIT 定位算法和 aoundiag Box 定位算法是完全分布式的。

基于邻近关系的无须测距定位算法的通信和计算都比较简单,但是精度与信标节点的密度密切相关;基于跳数的无须测距定位算法的通信和计算量适中,允许信标节点的比例比较低,但是依赖于节点的高密度和均匀分布,才能正确估计校正值,从而用跳数和校正值的乘积来估算节点间的距离。

在无线传感器网络中,如果节点定位算法需要外加硬件设施以实现定位,那么在增加节点成本的同时也增加了节点上的能量消耗,所以应尽量寻求无须添加额外硬件设施的节点定位算法。

无线传感器网络自身定位算法的性能对其可用性有直接的影响,如何评价定位算法是一个需要研究的问题。本文从是以需要信标节点、信标节点布置方式、计算模式、定位原理和节点外加设备等角度对上述无须测距节点定位技术进行分析和比较,如表

3-1 所示。[①]

① 刘伟荣,何云.物联网与无线传感器网络.北京:电子工业出版社,2013:155—156

表 3-1　非测距定位技术性能分析

节点定位算法	是否需要信标节点	信标节点布置方式	计算模式	定位处理	节点外加设备
质心定位算法	是	球形	分布式	邻近关系	无
APIT 定位算法	是	避免网格边缘	分布式	邻近关系	无
DV-Hop 定位算法	是	随即布置	分布式	跳数	无
凸规划定位算法	是	网络边缘	集中式	邻近关系	无

第4章 无线传感器网络的时间同步

本章介绍了无线传感器网络的第一个技术难点——时间同步,首先简单概述了时间同步的研究内容、研究现状和主要技术;接着介绍了时间同步的概念与原理;然后,分析了传统时间同步技术,包括 RBS、DMTS、FTSP、TPSN 等,根据关键性指标评判同步方法的优略,根据不同的应用选择不同的同步方法等。但是这些时间同步技术都是针对单跳网络的,对于多跳网络本章提出了两种新的同步方法——协作同步和萤火虫同步机制,具体分析了算法的实现流程和优缺点。从无线传感器网络的时间同步现状来看,已经比较成熟,能够适用于规模商业化,不过还需以后进一步优化。

4.1 概述

4.1.1 无线传感器网络时间同步的研究内容

每台计算机都有一个本地时钟,而各计算机的时间是不同的或者说计算机的这个本地时间往往都是不同步的(相对于格林威治天文台的标准时间)。事实上,可以修改计算机的本地时间,Windows 系统提供了一个 Internet 时间服务器同步功能。同样,在无线传感器网络这个分布式系统中,每个节点也有自己的本地时钟。由于节点之间的晶体振荡器频率总会存在一定的差别,以及外界环境(如温度、电磁波干扰)等都会使得时钟产生偏差,即使在某个时刻节点之间已经达到时间同步,随着时间的流逝它们之间也会出现时间偏差。分布式系统中时间可以分为逻辑时间和物理时间。逻辑时间体现的是系统内事件发生的先后逻辑顺序,是相对时间;物理时间则表示人类社会使用的绝对时间。

就无线传感网络而言,大多情况下需要时间同步机制。例如,通过波束成型阵列确定声源的位置,波束成型阵列需要计算多个传感器接收到的信号的相位差,根据相位差可以获得声源与传感器的距离并最终确定声源的位置,这就要求传感器之间是时间同步的,或者说相位差是针对信号从声源到传感器的传播时间的,而不包括其他的处理时间等。再如,在无线传感器网络的多传感器融合应用中,为了减小网络通信量以降低能耗,往往需要将传感器节点采集的目标数据在网络传输过程中进行必要的汇聚融合处理,而不是简单地传送原始数据,进行这些处理的前提就是网络中的节点必须共享相同的时间标准以保证来自多个传感器的数据的一致性。此外,节点监测到的事件的时间对某些传感器网络应用也是相当重要的,总的来说,无线传感器网络的绝大部分应用场合需要时间同步机制。事实上,要想使得整个系统内节点的时间总是保持一致是不可能的,而且也不可能做到绝对时间同步。一般认为只要节点之间的时间偏差保持小于系统允许的最大时间偏移值,就可以认定它们是保持同步的。

在传统的有线和无线网络中,时间同步机制的研究已经有30多年的历史,最早的是美国 Delaware 大学 Mill 教授提出的网络时间协议(Network Time Protocol,NTP)和简单网络时间协议(Simple Network Time Protocol,SNTP),它们已经在 Internet 中得到广泛应用。GPS、无线测距技术也可以用来提供网络的全局时间同步。由于无线传感器网络节点在体积、成本和能量等方面受到诸多的约束,因此传感器网络中的时间同步机制必须着重注意对硬件的依赖和通信协议的能耗问题。与传感器网络不同的是,现有传统网络的时间同步机制更关注的是最小化同步误差,而几乎不关心计算、通信的复杂程度,也不关心能量问题;二者侧重点的不同使得 NTP、GPS 等现有同步技术不适用或者是不完全适用于无线传感器网络。因此在设计无线传感器网络的时间同步机制时,需要满足以下特点:

(1)稳定性。由于传感器节点本身易于失效,现场环境也可能影响无线信道的通信质量。(这都可能会引起网络拓扑结构发生变化),因此要求时间同步机制在拓扑结构变化动态变化和不稳定的无线信道环境中能保持时间同步的稳定和可靠。

(2)可扩展性。不同的无线传感器网络应用中,节点部署的区域大小、节点数目、节点部署密度都可能不同甚至差别很大,时间同步机制就需要有较好的可扩展性。

(3)能量有效。能量有效一直是无线传感器网络研究中特别注重的问题。时间同步机制同样也应当尽量减小网络通信量,降低计算复杂度,以降低能量消耗。

评价无线传感器网络时间同步机制的主要性能参数如下:

(1)最大同步误差。网络中节点之间时间偏差的最大值或是相对外部标准时间的时间偏差最大值。使同步误差尽量小是时间同步机制的目标。

(2)同步周期。节点能够一直保持时间同步的时间长度。

(3)同步代价。不同的同步机制对节点硬件的要求可能不同,由于传感器网络节点在体积和成本方面的限制,同步机制所依赖的硬件成本和体积也是评价时间同步机制的重要因素。

(4)同步效率。节点之间达到同步需要的时间和引起的网络通信量以及能量消耗,一般达到同步所经历的时间越长,需要的通信量越大,能耗就越大,同步效率也就越低。

4.1.2　无线传感器网络时间同步的研究现状

最早由 Mill 教授提出的 NTP 协议的设计目的是在 Internet 上传递统一的标准时间，从提出到现在已经有 20 多年的发展历程，最新的精度已经达到 ms 级。NTP 协议在 Internet 网络中已经广泛应用，不过它所具备的先决条件在无线传感器网络中难以得到满足，因而难以在无线传感器网络中应用。例如，在 NTP 协议应用的有线网络中，网络链路发生故障的概率非常小，而无线传感器网络则由于节点易于失效，无线信道本身也不稳定，因此无线链路状态变化频繁且容易出现故障；有线网络的拓扑结构相对较为稳定，适合为不同的网络节点配置合理的时间同步服务器，而无线传感器网络节点数目多，网络拓扑结构变化无法估计，使得难以进行手工配置，而且大多数传感器网络应用的部署区域（如原始森林、水下、高温高热等）也不允许操作人员接近或难以接近这些网络节点；就传统网络中的网络节点而言，NTP 协议为减小校准时钟频率偏差引起的同步误差而采用的频繁交换时间同步信息的做法，以及为消除时间同步信息在传输和处理过程中的各种非确定因素的干扰而采用的复杂修正算法所需要的 CPU 周期、信道监听和占用都不存在任何的限制，而无线传感器网络面临的最主要问题之一就是各种资源（包括能量、处理能力、通信能力等）相对于传统计算机存在相当程度上的约束。虽然 GPS 系统能够与世界调整时间 UTC 保持 ns 级的时间同步精度，但一方面需要配置成本较高的 GPS 接收机；另一方面在室内、水下等封闭或非开阔环境中 GPS 的使用也受到很大限制，而且目前真正掌握并主控 GPS 系统的国家也很少，因此无线传感网络中的绝大多数节点都不可能直接利用 GPS 完成时间同步。

目前无线传感器网络的时间同步机制研究主要集中于三种不同的模型：第一种模型最简单，它的核心目标不是同步传感器节点的时钟,而是仅仅确定事件发生的正确先后顺序,因此这种机制不适合需要知道传感器节点时间(如事件发生的具体时间)的应用场合;第二种模型主要是维持节点之间的相对时间,模型中每个节点相互并不同步,而是具有独立的本地时钟,并且存储它与网络中其他节点之间的时间偏差信息;第三种模型最复杂,所有节点维持一个与网络中时间参考节点同步的时钟,目标是在整个网络中维持全局唯一的时间标准。目前已经提出的典型时间同步算法有 RBS(Reference Broadcast Synchronization)算法、TPSN(Time Synchronization Protocol for Sensor Network)算法、MINI/TINY-SYNC 算法、FTSP(Flooding Time Synchronization Protocol)算法、DMTS(Delay Measurement Time Synchronization)算法、LTS(Lightweight Tree-Based Synchronization)算法、GCS(Global Clock Synchronization)算法、FTCWCS(Fault-Tolerant Cluster-Wise Clock Synchronization)算法、后因子(Post-Factor Synchronization)算法等。RBS 算法中,接收到同一节点广播的同步时间参考信息的多个节点之间,通过比较各自接收到信息的本地时间来消除各接收节点之间信息传播时间的差值。TPSN算法对所有节点进行逻辑层级结构分级,每个节点与其上一级节点进行同步,从而使所有节点与根节点同步。MINI/TINY-SYNC 算法假设节点的时间偏差遵循线性变化,节点之间通过交换时间信息来估计最优匹配偏移量。FTSP 算法利用单个广播信息使得发送节点和与它相邻的节点达到时间同步,它采用同步时间数据的线性回归方法估计时间偏移。DMTS 算法着重估计同步时间信息在传输路径上的延时来实现节点间的时间同步。LTS 算法主要是针对时间同步精度要求不是很高的无线传感器网络应用设计的,侧重于最小化时间同步的能耗和保持较强的鲁棒性和自配置能力。后因子算法中,节点通常处于非同步状态,当有感兴趣的事件发生时,节点用本地时间记录事件的发生时间,然后采用 RBS 算法推算事件发生时的真实时间。GCS 算法实际上包含四种子方法：All-Node-Based Method、Cluster-Based Method、Fully Localized Diffusion-Based Method 和 Fault-Tolerant Diffusion Based Method。FTCWCS 算法则是针对无线传感器网络中的簇头提出的，该算法给出了簇内任何两个节点之间时间偏差的上限，此外该算法同步消息之间不存在冲突的情况。

4.1.3　无线传感器网络时间同步的主要技术挑战

虽然不同的应用场合对无线传感器网络时间同步的要求会有所不同，但就整体来说，无线传感器网络的时间同步主要面临以下问题：

（1）通常无线传感器网络节点数目多、部署密集，节点之间时间同步信息在关键路径上的传输延迟具有很大的不确定性。

（2）由于节点的移动、能量耗尽以及和周围环境的影响等原因，无线传感器网络的拓扑结构变化频繁，从而难以预先确定获取基准时间的关键路径。

（3）为了降低节点的能量消耗，往往会设计一些协议使得节点大部分时间处于休眠状态，而这些休眠的节点不能持续保持时间同步。

（4）对于大规模传感器网络，基准时间的传递将是要重点解决的问题，也因此引出整个网络的全局时间同步精度难以确定的问题。

（5）目前能量消耗仍然是在设计时间同步机制时需要考虑的因素。

4.2　时间同步的概念与原理

下面先对时钟模型进行分析，然后再仔细分析无线传感器网络中的时间同步技术。

4.2.1　时间同步的概念

1. 时钟模型

在计算机系统中，时钟通常用晶体振荡器脉冲来度量，即

$$c(t) = k\int_{t_0}^{t} \omega(\tau)\mathrm{d}\tau + c(t_0) \qquad (4-1)$$

式中，$\omega(t)$ 为晶振的频率；k 为依赖于晶振物理特性的常量；t 为真实时间变量；$c(t)$ 为构造的本地时钟，间隔 $c(t) - c(t_0)$ 被用来作为度量时间。

对于理想的时钟，有 $r(t) = \dfrac{\mathrm{d}c(t)}{\mathrm{d}t} = 1$，也就是说，理想时钟的变化速率 $r(t)$ 为 1，但在工程实践中，因为温度、压力、电源电压等外界环境的变化，往往会导致晶振频率产生波动。因此，构造理想时钟比较困难，但在一般情况下，晶振频率的波动幅度并非任意的，而是局限在一定的范围之内。为了方便描述和分析，定义速率恒定、漂移有界和漂移变化有界等三种时钟模型。

(1)速率恒定模型。速率恒定模型假定时钟速率 $r(t) = \dfrac{\mathrm{d}c(t)}{\mathrm{d}t}$ 恒定，即晶振频率没有波动发生。当要求的时钟精度远低于频率波动导致的偏差时，该模型的假定应该合理。

(2)漂移有界模型。定义时钟速率 $r(t)$ 相对于理想速率 1 的偏差为时钟漂移(drift) $\rho(t)$，即 $\rho(t) = r(t) - 1$。漂移有界模型满足的约束条件为

$$-\rho_{\max} \leqslant \rho(t) \leqslant \rho_{\max}, \forall t \qquad (4-2)$$

此外还有 $\rho(t) > -1$，它的物理意义是时钟永远不会停止（$\rho(t) = -1$）或倒走（$\rho(t) < -1$）。因为硬件设备厂商可以给出

晶振频率变化的范围,对于无线传感器网络节点使用的低成本的晶振,一般有 $\rho_{\max} \in [10,100] ppm$(百万分之一)。因此,漂移有界模型在工程实践中非常有用,常用来确定时钟的精度或误差的上下界。

(3)漂移变化有界模型。该模型假定时钟漂移的变化 $\xi(t) = \dfrac{\mathrm{d}\rho(t)}{\mathrm{d}t}$ 是有界的,即

$$-\xi_{\max} \leqslant \xi(t) \leqslant \xi_{\max}, \forall t \qquad (4-3)$$

时钟漂移的变化主要是温度和电源电压等因素发生变化所引起的,一般变化速率相对缓慢,可以通过适当的补偿算法加以修正。

2. 时钟同步

假定 $c(t)$ 是一个理想的时钟。如果在 t 时刻有 $c(t) = c_i(t)$ 时钟,则称时钟 $c_i(t)$ 在 t 时刻是准确的;如果 $\dfrac{\mathrm{d}c(t)}{\mathrm{d}t} = \dfrac{\mathrm{d}c_i(t)}{\mathrm{d}t}$,则称时钟 $c_i(t)$ 在 t 时刻是精确的;如果 $c_i(t) = c_k(t)$,则称时钟 $c_i(t)$ 在 t 时刻与时钟 $c_k(t)$ 是同步的。上述定义表明,两个同步时钟不一定是准确或精确的,时间同步与时间的准确性和精度没有必然的联系,只有实现了与理想时钟(即真实的物理时间)的完全同步之后,三者才是统一的。对于大多数的无线传感器网络应用而言,只需要实现网络内部节点之间的时间同步,这就意味着节点上实现同步的时钟可以是不精确,甚至是不准确的。

如果采用时钟速率恒定模型,由式(4-1),时钟 $c_i(t)$ 可以简化表示为

$$c_i(t) = a_i(t) + b_i \qquad (4-4)$$

由此可知,时钟 $c_i(t)$ 和 $c_k(t)$ 之间应该存在如下的线性关系:

$$c_i(t) = a_{ik}c_k(t) + b_{ik} \qquad (4-5)$$

式中, a_{ik}, b_{ik} 为相对漂移量和相对偏移量。

式(4-5)给出了两种基本的同步原理:偏移补偿和漂移补

偿。如果在某个时刻通过一定的算法求得了 b_{ik} ，也就意味着在该时刻实现时钟 $c_i(t)$ 和 $c_k(t)$ 的同步。图 4-1 表达了偏移量补偿的过程，时钟 $c_k(t)$ 在一系列的同步时刻被同步到参考时钟 $c_i(t)$ ，由此，可以进一步构造同步时钟。偏移补偿没有考虑时钟漂移对同步精度的影响。在图 4-1 中，在每一个同步间隔上，同步时钟与本地时钟 $c_k(t)$ 具有相同的变化速率。因此，如图 4-1 所示，同步时间间隔越大，同步误差也就越大。为了提高精度，可以考虑增加同步频率，但会引入相应的开销；另外一种解决途径是估计相对漂移量进行相应的修正来减小同步误差。具体来讲，如果能通过算法估计出本地时钟和参考时钟的相对漂移量 $\rho_i - \rho_k$，在构造同步时钟时，就有了人为弥补这种漂移的依据。同步时钟此时不再依赖本地时钟 $c_k(t)$ 的速率变化，而会以接近参考时钟的速率变化，同步精度自然得以提高。如果相对漂移量估计得较为准确，那么在很长的时间间隔上也不会产生太大的同步误差。在图 4-1 中，$C_k^d(t)$ 是采用漂移补偿技术之后可能得到的同步时钟之一，同步误差不再像 $C_k^o(t)$ 那样与同步周期密切相关。可见，漂移补偿是一种有效的同步手段，在同步间隔较大时效果尤为明显。当然，实际的晶体振荡器很难长时间稳定工作在同一频率上，因此，有必要在线实时估计时钟的相对漂移量。漂移量估计需要一定的观测数据，在交换数据的过程中，同时完成偏移补偿是一种既节省开销又能提高同步精度的策略。因此，将综合应用偏移补偿和漂移补偿来实现一种高精度、低开销的时间同步算法。

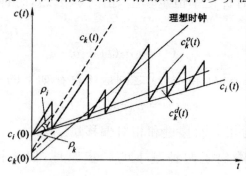

图 4-1· 同步原理

3. 数字时钟

计算机系统中的本地时钟（Local Clock）通常由一个计数器组成，用来记录晶体振荡器产生脉冲的个数。在本地时钟的基础上，可以构造出不同类型的软件时钟，例如 $c(t) = c(t_0) + a\{h(t) - h(t_0)\}$，其中 $h(t)$ 是本地时钟，函数 $a(\cdot)$ 用来将计数器读数的差值转化为时间间隔，构造时钟 $c(t)$。

4.2.2　时间同步的原理

自 2002 年 J Elson 和 Kay Romer 在 HotNets 这一影响未来网络研究发展方向的国际权威学术会议上首次提出和阐述无线传感器网络中的时间同步这一研究课题以来，已经提出了近 10 种不同的实现算法，典型的有 DMTS(Delay Measurement Time Synchronization)、RBS(References Broadcast Synchronization)、FTSP(Flooding Time Synchronization Protocol)算法、TPSN(Timing-Sync Protocol for Sensor Networks)和 Tsync(Time Synchronization)算法等。分析已有的同步机制与算法，它们大多采用两类基本的同步机制，即单向广播同步和双向成对同步，其中 RBS、DMTS、FTSP 算法和 AD 算法属于前者；TPSN 算法、TS/MS 算法和 LTS 算法属于后者；而需要多信道支持的 TSync 算法则组合应用了两种机制，在控制信道上广播同步消息，在时钟信道上采用成对同步确定时钟偏移。双向成对同步的原理如图 4-2 所示。

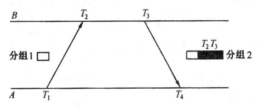

图 4-2　双向成对同步技术

节点 A 向节点 B 发送同步分组 1,节点 B 用它的时钟记录收到该分组的时间 T_2,则 $T_2 = T_1 + D + d$,其中,D 是传输时间;d 是节点 A 和 B 之间的时钟偏移量。之后,B 向 A 发送一个携带 T_2 的分组 2,同时加盖了时戳 T_3。节点 A 在 T_4 收到分组 2,那么 $T_4 = T_3 + D - d$。假设时钟偏移量和传播延迟在较小的时间尺度内不发生改变,则节点 A 的时钟偏移量 d 和传输延迟 D 为

$$d = \frac{(T_2 - T_1) - (T_4 - T_3)}{2}, D = \frac{(T_2 - T_1) + (T_4 - T_3)}{2}$$

$$(4-6)$$

一个特例是节点 B 在收到同步分组后立即加盖时间戳返回,即 $T_2 = T_3$。TS/MS 就使用了这一机制,但没有采用式(4-6)计算偏移量来实现同步,而是利用三元组(T_1, T_2, T_4)集合寻找两个时钟线性关系中参数的上下界来确定漂移量和偏移量,最终完成同步。

两两成对同步虽然能达到一定的同步精度,但开销过大。假定无线传感器网络的某个簇类中包含 n 个节点,那么在一个同步周期内,总共需要 $2n$ 个分组交换,其中,信标节点发送 n 个,接收 n 个。为了提高精度,增加同步频率会导致更多的能量损耗,在有些对能耗非常敏感的无线传感器网络应用中,这样的开销是不可接受的。相比之下,广播同步机制开销要小一些,簇类中所有节点可以同时依据信标节点发送的同步分组一次完成同步。RBS 是一种基于广播同步的算法,但广播分组的作用仅仅在于启动一次新的同步过程,节点之间时钟的偏移量是通过相互交换接收到广播分组的本地时间后计算得到的。与两两成对同步相比,RBS 避免了一些可能引入随机误差的环节,但通信开销没有显著降低。DMTS 和 FTSP 则利用了单向广播分组实现同步,减小了通信开销。两者的不同之处在于,FTSP 采用比 DMTS 更为精确的计算偏移量的机制与算法。

从已有的各种算法的同步原理分析,除了 TS/MS 以外,绝大

多数算法以偏移补偿为主,有些算法如 RBS 和 FTSP 等,虽然结合了漂移补偿技术,但都是通过对多个样本数据进行线性回归处理来估计漂移量,对应算法的空间复杂度相对较大。TS/MS 中的 Tiny-Snyc 用两个数据点确定了 4 个约束边界,虽然开销小,但无法给出相对漂移和相对偏移的最优估计;Ts/Ms 中的 Mini-Sync 用复杂的算法确定性地删除不影响精度的数据点,但需要保存有用的历史数据,以求得最优估计。[①]

4.3 传统时间同步技术

4.3.1 DMTS 同步

由于无线传感器网络是分布式网络,控制信息通过报文发送来完成,所以,在发送的报文中加入自己的本地时间,接收到该报文的节点将该本地时间改为此报文中的时间即可。但是这存在一个缺陷,那就是没有考虑到报文传输延迟,根据这种想法,研究人员提出了一种最简单的协议——DMTS(Delay Measurement Time Synchronization)协议,该协议考虑了报文的传输延迟,在设置本地时间时,报文中嵌入的时间加上传输延迟即节点的本地时间。

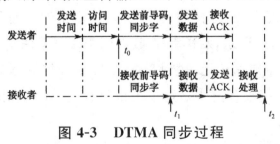

图 4-3 DTMA 同步过程

① 李善仓,张克旺.无线传感器网络原理与应用.北京:机械工业出版社,2008:200-202

DTMS 报文同步的传输过程如图 4-3 所示。为了避免发送等待事件对本地时间的干扰,发送方在检测到信道空闲之后才在报文中嵌入发送时间 t_0,根据无线传感器通信协议规定,报文在发送之前需要先发送一定数量的前导码和同步字,根据发送速率我们可以知道单个比特的发送时间为 Δt。而接收者在同步字结束的时候,记录下此时的本地时间 t_1,并在即将调整自己的本地时间之前记录下此时的时刻 t_2,由此得到接收方的报文处理延迟为 $t_2 - t_1$。接收者将自己的时间改为 $t_0 + n\Delta t + t_2 - t_1$,以达到与发送者之间的时间同步。

DMTS 同步协议是一种简单灵活的同步技术,通过单个的广播报文,一次可以同步所有一跳内的所有节点,该算法网络流量非常小,能量消耗也非常少,但是没有考虑传播延迟、编/解码的影响,对时钟漂移也没有考虑,同步的精度不是很高,还有待进一步的改进。

4.3.2 RBS 同步

在 4.3.1 节中,DTMS 采用的发送者-接收者同步模式,这种模式的缺陷是不能够准确地估计算报文的传输延迟,精度不高,通过单个报文的传输不能够准确地估算传输延迟。研究人员研制了一种新的方法,即接收者-接收者同步机制。两种同步机制的对比如图 4-4 所示,发送者-接收者同步模式考虑到了发送到接收的关键路径传输延迟,关键路径过长导致传输延迟不能够估计,接收者-接收者模式缩短了关键路径,主要代表协议为 RBS 协议。

根据无线信道的广播特性,消息对所有接收节点而言是同一个发送节点发送的,RBS 算法利用这个优势来消除发送时间和访问时间所造成的传输时间误差,从而提高时间的同步精度。RBS

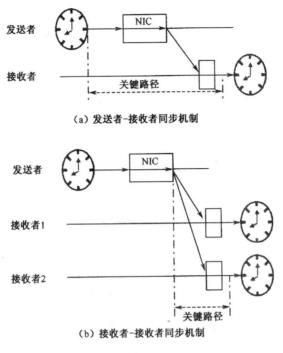

（a）发送者-接收者同步机制

（b）接收者-接收者同步机制

图 4-4　两种同步机制对比图

同步机制的工作流程如下：假设有 N 个节点组成的单跳网络，1 个发送节点，$N-1$ 个接收节点，发送节点周期性地向两个接收节点发送参考报文，广播域内的接收节点都将收到该参考报文，并各自记录收到该报文的时刻，接收者们通过交换本地时间戳信息，这样这一组节点就可以计算出它们之间的时钟偏差。RBS 算法中广播的时间同步消息与真实的时间戳信息并无多大关系，它也不关心准确的发送和接收时间，而只关心报文传输的差值。从图 4-4 中可以看出，RBS 同步算法完全排除了发送时间和接收时间的干扰。

在 RBS 算法中，接收节点只需比较接收节点接收报文的时间之差，因此在发送节点发送的参考报文中无须携带发送节点的本地时间，同步误差只与接收者们是否在同一时刻记录本地时间有关，为了减小时间同步的误差，RBS 采用了统计技术，同时广播多个时间同步消息,求相互之间消息到达的时间差的平均值,这样就能在最大程度上消除非同时记录的影响;另外对于节点间的时钟漂移情况,RBS 采用最小平方误差的线性回归方法,对从某时刻开始的节点间的时钟偏移数据进行线性拟合。

多跳网络的拓扑情况,如图 4-5 所示,在多跳网络中存在几个不同的单跳域(如 A、B、C),其中 4 号和 7 号节点处于两个单跳域的交界上,根据单跳 RBS 协议可以知道,4 号节点可以同步 A 区域和 C 区域的时间,7 号节点可以同步 B 区域和 C 区域的时间,根据这两个节点可以得到相邻两区域的时间转换关系,从而达到全网的时间同步。

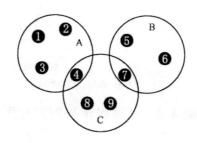

图 4-5　多跳 RBS 网络拓扑

RBS 是针对于单跳网络的时间同步,当网络规模扩大之后,由于节点间路径的增多,对于源节点和目的节点之间的时间同步就必须考虑到最小跳数问题。在网络中,寻找一条连接源节点与目的节点的最小路径能够最大限度地减小同步的障碍,多路径同步可以保证节点失效后同步算法的继续进行,具有很强的健壮性。

RBS 能够消除发送节点引起的同步误差,在忽略传播时间的情况下,主要的误差来源就只剩下接收节点之间的处理时间差,以及发送节点和接收节点间的无线电同步误差,这两者都只有 μs 级,因此 RBS 算法的同步精度非常高,但 RBS 算法的网络开销比较大,对于单播域中的 n 个节点和 m 个参考广播消息,RBS 算法

的复杂度为 $O(mn^2)$。[1]

4.3.3　FTSP 同步

泛洪时间同步协议（Flooding Time Synchronization Protocol，FTSP）即时间同步机制，是由 Vanderbilt 大学的 Branislav Kusy 等人提出的，综合考虑了能量感知、可扩展性、鲁棒性、稳定性和收敛性等方面的要求。FTSP 算法也是使用单个广播消息实现发送节点与接收节点之间的时间同步的，采用同步时间数据的线性回归方法估计时钟漂移和偏差。

多跳网络的 FTSP 机制采用层次结构，根节点就是选中的同步源。根节点属于级别 0，根节点通过广播选出级别 1 的节点，依次推广到全网。级别 i 的节点同步到级别 $i-1$ 的节点，所有节点周期性地广播时间同步消息以维持时间同步层次结构，1 级节点在收到根节点的广播消息后同步到根节点，同样，2 级节点在收到 1 级节点的广播消息后同步到 1 级发送节点，依次推广到全网，所有的节点都能获得时间同步。

FTSP 算法实现步骤如下：

（1）FTSP 算法在完成 SYNC 字节发射后给时间同步消息标记时间戳并将其发射出去（SYNC 字节类似 DMTS 算法中的起始符）。消息数据部分的发射时间可通过数据长度和发射速率得出。

（2）接收节点记录 SYNC 字节最后到达时间，并计算位偏移。在收到完整的消息后，接收节点计算位偏移产生的时间延迟，这可通过偏移位数与接收速率得出。

（3）接收节点计算与发送节点间的时钟偏移量，然后调整本

---

[1]　刘伟荣，何云．物联网与无线传感器网络．北京：电子工业出版社，2013：127－131

地时钟和发送节点时间同步。FTSP 算法对时钟漂移和偏差进行了线性回归分析,FTSP 算法考虑到在特定时间范围内节点时钟晶振频率是稳定的,因此节点间时钟偏移量与时间呈线性关系;通过发送节点周期性广播时间同步消息,接收节点可获得多个数据对,并构造最佳拟合直线 L。通过回归直线 L 在误差允许的时间间隔内,节点可直接通过 L 计算某一时间点节点间的时钟偏移量,而不必发送时间同步消息进行计算,从而减少了消息的发送次数。

FTSP 机制还考虑了根节点的选择、根节点和子节点的失效所造成的拓扑结构的变化,以及冗余信息的处理等方面问题。节点通过一段时间的侦听和等待,进入时间同步的初始化阶段,如果收到了同步消息,则节点用新的时间数据更新线性回归表,如果没有收到消息,该节点就宣布自己是根节点,但这样可能会造成多个节点同时宣布自己为根节点的情况,所以 FTSP 机制中选择 ID 编号最小的节点作为根节点。如果新的全局时间和旧的全局时间存在较大的偏差,根节点切换就存在收敛问题,这就需要潜在的新的根节点收集足够多的数据来精确估计全局时间。

对于冗余消息的消除,FISP 机制采用根节点逐个增大消息的序列号,其他节点只记录收到消息的最大序列号,并用这个序列号发送自己的消息。例如,假设节点 N 有 7 个邻居节点,这 7 个邻居节点之间能够相互通信,并且都在根节点的通信范围之内,但节点 N 不在根节点的通信范围之内。这样,根节点发送的消息就到达不了节点 N,但是节点 N 能收到 7 个相邻节点发送的消息,如果节点 N 把 7 个节点发送的同步消息全部都接收的话,就很多余,所以节点 N 在收到 1 个节点发送的消息之后,记下该消息的最大序列号,并且把数据放到回归表中,放弃其他 6 个节点的相同序列号的同步消息。

4.3.4　TPSN 同步

RBS 所使用的接收者－接收者同步模式虽然消除了发送方的不确定性,在 DMTS 协议的基础上有了一定的提高,但由于考虑到它的计算复杂度,实现还是比较困难,而研究人员 S. Ganeri-wal 认为:传统的发送者－接收者同步协议的精确度低的根本原因在于单向报文不能够准确地估算出报文传播延迟,基于报文传输的对称性,采用双向报文就能够解决这个问题,获得较高的精确度,因此他提出了一种双向报文交换协议——TPSN,如图 4-6所示。

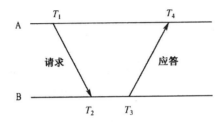

图 4-6　TPSN 报文交换

TPSN 协议采用层次型网络结构,首先将所有节点按照层次结构进行分析,然后对每个节点与上一级的一个节点进行时间同步,最终所有节点都与根节点时间同步。TPSN 协议假设网络中的每个传感器节点具有唯一的身份标识号 ID,节点间的无线通信链路是双向的,通过双向的消息交换实现节点间的时间同步。

在网络中有一个根节点,根节点可以配备像 GPS 接收机这样的模块,接收准确的外部时间,并作为整个网络系统的时钟源;也可以是一个指定的节点,不需要与外部进行时间同步,只是进行无线传感器网络内部的时间同步。TPSN 可以分为层次发现阶段和时间同步阶段两个阶段。

1.层次发现阶段

在网络部署后,根节点首先广播以启动发现分组,然后启动层次发现阶段。级别发现分组包含发送节点的 ID 和级别。根节点是 0 级节点,在根节点广播域内的节点收到根节点发送的分组后,将自己的级别设置为分组中的级别加 1,即为第 1 级,然后将自己的级别和 ID 作为新的发现分组广播出去。当一个节点收到第 i 级节点的广播分组后,记录发送这个广播分组的节点的 ID,设置自己的级别为 $i+1$。这个过程持续下去,直到网络内的每个节点都具有一个级别为止。如果节点已经建立自己的级别,就忽略其他的级别发现分组。

2.时间同步阶段

层次结构建立以后,根节点就会广播时间同步分组,启动时间同步阶段。第 1 级节点收到这个分组后。在等待一段随机时间后,向根节点发送时间同步请求消息包,进行同步过程,与此同时第 2 级节点会侦听到第 1 级节点发送的时间同步请求消息包,第 2 级节点也开始自己的同步过程。这样,时间同步就由根节点扩散到整个网络,最终完成全网的时间同步。建立层次之后,相邻层次之间的节点通过双向报文机制来进行时间同步,假设节点 A 是第 i 层的节点,节点 B 是第 $i-1$ 层的节点,根据图 4-6 所示的报文交换协议,我们规定 T_1 和 T_4 为节点 A 的时间,T_2 和 T_3 为节点 B 的时间,节点 A 在 T_1 向节点 B 发送一个同步报文,节点 B 在收到该报文后,记录下接收到该报文的时刻 T_2,并立刻向节点 A 发回一个应答报文,将时刻 T_2 和该报文的发送时刻 T_3 嵌入到应答报文中。当节点 A 收到该应答报文后,记录下此时刻 T_4。假设当节点 A 在 T_1 时刻,A 和 B 的时间偏移为 Δ,因为 T_1 到 T_4 两个报文发送的时间非常短,可以认为 Δ 没有变化,假设报文的

传输延迟都是相同且对称的,均为 d ,那么有

$$T_2 = T_1 + \Delta + d, T_4 = T_3 - \Delta + d$$

经过计算可以知道

$$\Delta = \frac{[(T_2 - T_1) - (T_4 - T_3)]}{2}, d = \frac{[(T_2 - T_1) + (T_4 - T_3)]}{2}$$

在 T_4 时刻,节点 A 在本地时间上面加上一个偏移量 Δ ,A 和 B 就达到了同步。

从双向同步协议的同步过程中可以看出,在 TPSN 协议中,当双向报文的传输完全对称时其精确度最高,即同步误差最小。另外 TPSN 的同步误差与双向报文的传输延迟有关,延迟越短,同步误差越小。

在发送时间、访问时间、传播时间和接收时间四个消息的时延组成部分中,访问时间一般是无线传输消息时延中最不稳定性的部分。为提高两个节点间的时间同步精度,TPSN 协议在 MAC 层的消息开始发送到无线信道的时刻,才为同步消息标注上时间标度,消除了由访问时间带来的时间同步时延。另外,TPSN 协议考虑到传播时间和接收时间,利用双向消息交换计算消息的平均时延,提高了时间同步的精度。TPSN 协议的提出者在 Mica 平台上实现了 TPSN 和 RBS 两种机制,对于一对时钟为 4MHz 的 Mica 节点,TPSN 时间同步平均误差是 $16.9\mu s$,而 RBS 是 $29.13\mu s$。如果考虑 TPSN 建立层次结构的消息开销,则一个节点的时间同步需要传递 3 个消息,协议的同步开销比较大。[①]

4.3.5　传统协议比较

---

① 刘伟荣,何云.物联网与无线传感器网络.北京:电子工业出版社,2013:127— 131

1. 精度方面

（1）RBS 协议。该算法之所以能够有较高的精度,主要是因为无线信道的广播特性,使得发送节点发出的消息相对所有节点而言是同时发送到物理信道上的,相当于将消息传递过程中两项最不确定的时延被去除了,所以能够得到较高的同步精度。Elson 等人在实际传感器平台上实现并测试了 RBS 算法,所得到的精度在 $11\mu s$ 以内。

（2）FTSP 协议。采用在 MAC 层记录时间信标,细分消息传输中的时间延迟并对这些延迟进行补偿,利用线性回归估计时间漂移等措施来降低时间同步误差。FTSP 的提出者在 Mica2 平台上实现了 FTSP 协议,所测得的两个节点间时间同步的平均误差为 $1.48\mu s$,这个运行结果明显优于 RBS 和 TPSN 协议在相同平台上的运行结果。

（3）TPSN 协议。在网络传输的时延中,访问时延的不确定性是最高的。为了提高两个节点之间的时间同步精度,TPSN 协议直接在 MAC 层记录时间信标,这样可以有效地消除发送时延、访问时延、接收处理时延所带来的时间同步误差。与 RBS 相比,TPSN 协议还考虑了传输时延、传播时延和接收时延所造成的影响,利用双向消息交换计算消息的平均延迟,提高了时间同步的精度。TPSN 协议的提出者在 Mica 平台上实现了 TPSN 和 RBS 两种协议,所测得的 TPSN 的时间同步平均误差是 $16.99\mu s$,而 RBS 的平均误差是 $29.19\mu s$。[1]

2. 收敛性方面

（1）RBS 协议。发送参考广播的节点是预先选定的,其他节

---

① 刘伟荣,何云.物联网与无线传感器网络.北京:电子工业出版社,2013:131－133

点接收到参考广播消息后,就开始同步的过程。考虑到通信冲突,在几个同步周期后,全网就可以达到时间同步,收敛时间也比较短。

(2)FTSP 协议。该协议的根节点选择过程是伴随时间同步一起进行的,根节点的选择不会对收敛性造成影响,在几个同步周期后,全网就能达到时间同步,收敛时间也比较短。

(3)TPSN 协议。这种同步方法的消息传递机制分为两个过程,包括分层阶段和同步阶段,因此其收敛时间较长。

3.扩展性方面

(1)RBS 协议。在全网达到同步后,新节点的加入不会影响到参考广播节点的地位,也就不会对全网的结构造成影响。但是,加入新的参考广播节点会使得情况变得复杂,必须考虑处于不同广播域内的节点达到同步的问题。对于多跳网络的 RBS 协议需要依赖有效的分簇方法,保证簇之间具有共同的节点,以便簇间进行时间同步。

(2)FTSP 协议。如果加入的是 ID 号最小的节点,该节点首先使自己与网络达到同步,然后再进行根节点选择,不会影响网络时间同步。如果不是 ID 号最小的节点,该节点只需要进行时间同步并广播时间同步消息。

(3)TPSN 协议。从分层过程可以看出,新节点加入后会对网络的拓扑结构造成很大的影响,因此,该协议的扩展性很差,这也是这个协议最大的缺点之一。

4.鲁棒性方面

(1)RBS 协议。由 RBS 协议的同步原理可以看出,节点失效或网络通信故障不会破坏整个拓扑结构,每个节点都有大量的冗余消息来保证时间同步。但是参考节点失效就会影响到该节点广播域内所有节点的同步。该协议具有较好的鲁棒性。

（2）FTSP 协议。如果是根节点失效，那么其他节点就会开始根节点选择的过程，重新选出一个根节点，在这段时期内会破坏时间同步，但全网很快就能重新达到同步。如果是其他节点失效，由于大量冗余消息的存在，个别节点不会影响全网时间同步。FTSP 协议也具有良好的鲁棒性。

（3）TPSN 协议。当某个节点失效，该节点以下的节点就有可能接收不到时间同步消息，这样就会造成连锁反应，影响到该节点所有的后续节点的时间同步。全网的时间同步会受到个别节点的影响，鲁棒性很差。

5. 能耗方面

可以利用网络中的节点在一次时间同步中平均接收和发送消息的次数来简单地估计时间同步协议的能耗。

（1）RBS 协议。要实现两个节点之间的时间同步，节点需要接收一次广播消息，然后再交换一次时间同步消息，平均需要两次消息发送和三次消息接收。协议的能量消耗较大。

（2）FTSP 协议。在该协议中，节点接收到时间同步消息后，使得节点本地时间与全局时间达到同步，然后形成新的时间同步消息并发送出去。每次同步，节点平均需要一次消息发送和一次消息接收，协议的能量消耗是最小的。

（3）TPSN 协议。因为这个方法采用的是类客户/服务器模式，所以实现一次时间同步，节点平均需要两次消息发送和两次消息接收，协议的能量消耗相对较小。

4.4　新型时间同步技术

传统的无线传感器网络时间同步机制的研究已经非常成熟，

实用性也非常强,主要应用在单跳网络中,同步误差在 Mica2 平台上已经达到几至十几微秒的量级,同步功耗也较低,能够满足大多数应用场合的需要。

　　然而,当这些时间同步协议被扩展到多跳网络时,目前普遍采取的方法是首先按照节点之间的通信连接关系建立起一定的网络拓扑结构,在该拓扑结构上,按照时间同步协议的约定,未同步节点和所选定的已同步节点之间通过交换含时间信息的同步报文,从而间接地实现与时间基准节点之间的同步。这种同步机制的特点在于:除时间基准节点的邻居节点外,其余节点并不能直接和时间基准节点同步。鉴于它们与传统的因特网时间同步协议(Network Time Protocol,NTP)在该特点上的相似性,故本书将它们称为无线传感器网络的传统时间同步协议。由于传统时间同步协议在体系结构上的限制,节点不能直接和时间基准节点同步而只能和与时间基准节点存在同步误差的节点进行同步,因此必将出现节点的同步误差随着其离时间基准节点跳距的增加而增加的现象,即出现了同步误差的累积。理论分析和一些实际实验表明,在这些传统的时间同步协议下,即使在最好的情况下,节点的同步误差至少与其跳距的平方根呈正比。随着无线传感器网络的发展,同步误差累积问题将越来越严重,一方面由于传感器节点体积的不断减小,使得节点的单跳传播距离减小;另一方面由于网络规模的不断扩大使得网络直径不断增加,这两个因素均会导致平均节点跳距的增加,使得同步误差的累积现象更加严重。这对大规模无线传感器网络的应用提出了挑战。

　　传统无线传感器网络时间同步协议还面临着可扩展性问题的挑战:它力图建立起网络拓扑结构,从而把网络中的所有节点有机地组织起来,当网络规模较小时,这是完全可行的,但当网络规模较大时,由于无线传输的不稳定性以及节点工作的动态性,只有频繁地进行拓扑更新才能跟踪拓扑的变化,这一方面对于本已非常有限的网络带宽和节点电能供应来说是不可想象的,另一方面把网络拓扑维护的繁重工作交给时间同步协议来解决也并不合适。

两个新的时间同步技术试图解决这两个挑战,即萤火虫同步技术和协作同步技术。萤火虫同步技术出现较早并且在生物、化学和数学等领域都有所研究,而协作同步技术近年来才出现于无线传感器网络领域。尽管目前这两种技术由于存在较多的假设,绝大多数实验还停留在仿真的阶段,但它们确实不失为解决无线传感器网络时间同步的新颖方法,可能会把无线传感器网络时间同步推入一个新的研究阶段。

需要说明的是,传统时间同步协议的目的是为了实现节点时间的一致性,即达到同时性;萤火虫同步技术和协作同步技术则是为了实现节点(或个体)之间的同步性,即使节点的某些周期性动作具有相同的周期和相位。例如,使一群萤火虫同步闪烁并且闪烁的周期也相同。同时性和同步性在一定程度上可以看做两个等价的概念,节点的时间完全一致,则它们自然可以生成具有相同周期和相位的动作;而节点的动作具有同步性,如果以同步周期为基本时间单位,也就达到了节点间的同时性。

4.4.1 协作同步

就同步来说,远方节点直接接收到时间基准节点的同步脉冲,其他中间节点只是起协作的作用,协作时间基准节点把时间信息直接传输给远方节点,即使由于协作过程而引起误差,但从统计的角度来看,节点的同步误差均值为 0,即不会出现同步误差的累积现象。协同同步的假设条件是传播延迟固定并且节点密度非常高,节点的时间模型是速率恒定的模型,但这是解决大规模无线网络时间同步问题、提高同步精度的一个有益思路。

协作同步的具体过程为:时间基准节点按照相等的时间间隔发出 m 个同步脉冲,这 m 个脉冲的发送时刻被其一跳邻居节点接收并保存，随后这些邻居节点根据最近的 m 个脉冲的发送时刻估计出时间基准节点的第 $m+1$ 个同步脉冲的发送时刻，并在该时刻与时间基准节点同时发出同步脉冲。由于信号的叠加，因此复合的同步脉冲可以到达更远的范围。如此重复下去，最终网内所有节点都达到了同步，如图 4-7 所示。

对于传统的时间同步协议来说，时间基准节点的时间信息必须通过中间节点的转发才能到达远方节点，该过程是造成同步误差累计的根本原因。

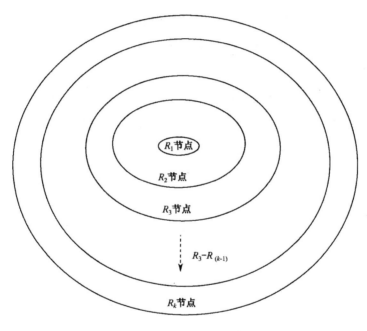

图 4-7　协作同步

4.4.2　萤火虫同步

萤火虫同步算法是目前人们解决群同步问题的最新方法，其基本思想来源于仿生学中的萤火虫同步发光现象。1975 年，Peskin 在研究心肌细胞中对群同步思想建立了耦合振荡器模型。

1989 年，Mirollo 和 Strogatz 针对 Peskin 建立的模型进行了改进，提出了 M&S 模型，从理论上证明这类无耦合延迟的全耦合系统的同步收敛性，为萤火虫同步算法和本文所提出的群同步机制奠定了理论基础。

1. Peskin 模型

1975 年，Peskin 研究了心脏中的心肌细胞如何能够自发地、有节奏地同步收缩，从而使心脏生成有节奏的心跳的问题。他把心脏建模为约 1 万个相互之间均等耦合的振荡器集合，每个振荡器实质上是一个电容和电阻的并联，由一个固定的电流对电容进行充电，引起电容电压的上升；然后，随着电容电压的上升，由于电阻的漏电效应增强，导致电容电压的上升速率将逐渐减慢。当电容电压到达阈值时，电容迅速放电，电压很快降为 0。如此不断地反复，最终所有的电容出现同时放电的现象。

对于这个现象，Peskin 是这样解释的：当一个振荡器的电容放电时，会出现与其他阻容振荡器之间的电耦合，从而把其他振荡器的电容电压提升一个很小的增量，而正是这种耦合的作用，使得振荡器的电容电压趋于相同，最终达到同时放电。

根据 Peskin 的模型，单个阻容振荡器的电压在充电过程中的变化为

$$\frac{\mathrm{d}x}{\mathrm{d}t} = S_0 - rx, 0 \leqslant x \leqslant 1$$

式中，S_0 代表充电速度；r 代表电阻的漏电因子。这里实际上对电压进行了归一化处理，当 $x = 1$ 时，即电容电压达到阈值时，振荡器开始放电，因此电压 x 突变为 0，同时，放电过程也引起了振荡器之间的电耦合，即当某个振荡器放电时，将把其他振荡器的电压提升一个耦合量，即一个振荡器放电时，网络中的所有振荡器的电压的变化为

$$x_i(t) = 1 \Rightarrow \begin{cases} x_j(t^+) = \min(1, x_j(t) + \varepsilon) \\ x_i(t^+) = 0 \end{cases}, \forall i \neq j$$

根据上述模型,Peskin 提出了两点假设:①对于相同结构的振荡器,在任意的初始状态下,系统最终总会达到同步,即具有同步收敛性;②即使每个振荡器的结构不同,系统最终也会达到同步。但是他只证明了两个相同结构的耦合振荡器具有同步收敛性。

2. M&S 模型

Mirollo 和 Strogatz 在 Peskin 模型的研究基础上提出了 M&S 模型,认为单个振荡器在自由状态下的动力学模型的特性是影响同步收敛性的决定性因素,并对 Peskin 的模型进行了推广。

在 M&S 模型中,系统状态变量仍用 x 表示,而系统的动力学模型为

$$x = f(F)$$

式中,f 是一个定义域和值域均为 $[0,1]$ 的、光滑的、单调增的凹函数(即 $f' > 0, f'' < 0$),且满足 $f(0) = 0$ 和 $f(1) = 1$;定义域变量 F 称为相位变量,且满足 $\dfrac{\mathrm{d}F}{\mathrm{d}t} = \dfrac{1}{T}$,其中 T 是同步周期;值域变量 x 称为状态变量(注:Peskin 模型只是 M&S 模型的一个特例)。当某个振荡器的相位为 $f(F) = C(1 - e - rf)$ 时,其他振荡器的放电将使该振荡器的状态变量提升一个耦合增量,因此该振荡器的相位 F 变为

$$F = \begin{cases} f^{-1}(f(F) + e), & f^{-1}(f(F) + e) < 1 \\ 0, & f^{-1}(f(F) + e) \geqslant 1 \end{cases}$$

将 M&S 模型引入到无线传感器网络中,网络中的每一个节点等效为 M&S 模型中的一个振荡器,节点的时钟系统由本地晶

振和计数器构成,在某一时刻读取的计数器值即节点的相位,计数器的最大计数值即节点的相位极限,一旦达到计数最大值,则产生计数器溢出中断(相当于 M&S 模型中的振荡器被激发),并且通过向网络中的其他节点广播信号来产生相应的耦合效应,同时计数器将清零,然后重新计数,进入下一个周期。

Peskin 模型和 M&S 模型模拟了萤火虫自同步(Self-Synchronization)方式,在理论上证明了振荡器节点能够达到同步,于 2005 年首次在无线传感器网络使用 Micaz 节点和 TinyOS 平台上实现了基于 M&S 模型的萤火虫同步算法。M&S 模型在传感器节点上的算法实现和通信处理上都比较简单,一个节点只需要观察其邻居节点的激发事件(无须关联此时间或需要知道是哪个邻居节点报告的事件),每个节点都维持其内部的时间。同步并没有任何明显的领导者导致,也无关于它们的初始状态。因为这些因素,M&S 模型是非常适用于传感器网络的。然而,由理论所引导而做出的一些假设,应用于无线传感器网络,在实现上却存在一定的局限性,具体如下:

(1)当一个节点激发时,它的邻居节点不能即时地获取这个时间。

(2)节点不能即时地对激发事件做出反应。

(3)节点不能精确地并且即时地计算出 f 和 f^{-1}。

(4)所有的节点没有相同的时间周期 T。

(5)节点不能从它的邻居节点观察到所有的事件(具有信息损耗)。

针对现实中所考虑的问题,有人提出了 RFA(Reach back Fireny Algorithm)算法。RFA 算法的思想是:把本轮同步周期内接收到的所有同步报文依次按照实际发送时刻排序,当本轮同步周期结束时,按照 M&S 模型计算这些同步报文对节点时间的影响量,并把下轮同步周期的节点起始时间设置成计算出的影响量之和。不同于 M&S 模型的地方在于,在本轮同步周期中节点的时间并不受这些同步报文的影响。RFA 与理想的 M&S 算法相比,不但可以达到同步,还解决了报文传输延迟问题。

与其他协议相比,萤火虫同步算法具有独特的优点,即①同步可直接在物理层而不需要以报文的方式实现;由于对任何同步信号的处理方式均相同,与同步信号的来源无关,因此可扩展性以及适应网络动态变化的能力很强;机制简单,不需要对其他节点的时间信息进行存储。①

---

① 刘伟荣,何云.物联网与无线传感器网络.北京:电子工业出版社,2013:133

第5章 无线传感器网络的路由协议

从路由的角度看,无线传感器网络有其自身的特点,使它既不同于传统网络,又不同于移动自组网 MANET。与传统网络相比,无线传感器网络远离网络的中心,它的体系结构、编址方法和通信协议可以不同于 Internet,功能上实现的是传感器节点到 Sink 的数据采集,路由协议面向多到一的数据流和一到多的控制流,而非任意源与目的对之间的数据传输,传输过程中普遍采用数据融合方式,其路由以数据为中心;节点的移动性较低,但网络拓扑却表现出很强的时变性,面向传统有线网络的路由协议很难适应这种高拓扑变化。与 MANET 相比,传感器网络的移动性较低,能量约束更强,路由协议设计的主要优化目标是减少能量消耗和促进负载均衡,以提高网络生存时间,增强网络的自适应性和容错性等。

5.1 概述

5.1.1 协议的特点

传统无线网络的路由协议设计是以避免网络拥塞、保持网络的连通性和提供高质量的网络服务为主要目标的,其主要任务是寻找源节点到目的节点间通信延迟小的路径,同时提高整个网络的利用率,而平衡网络流量,能量损耗的问题并不是这类网络研究考虑的重点。无线传感器网络中节点能量有限,一般没有能量补充,因此路由协议需要提高节点的能源有效性,同时,传感器网络节点数量大、分布广,每个节点只能获取局部拓扑信息,路由协议必须能在局部网络拓扑信息的基础上选择出从源节点到达目的节点的路径。一般来说,和传统网络路由协议相比,传感器网络的路由协议具有以下特点。

(1)能量有限。由于传感器节点能量的限制,无线传感器网络的路由协议设计要以节能作为首要考虑因素,提高节点的能源有效性和网络的生命周期是协议设计的首要目标。

(2)网络中的大部分节点在整个网络生命周期中基本保持静止,无须频繁地更新路由表信息。在传统 Ad Hoc 网络中,由于应用的要求,节点频繁移动,拓扑结构动态变化,快速有效地达到路由协议收敛状态是其路由协议的主要目标;而对于无线传感器网络变化,在很多情况下,除了原有节点失效和新的节点加入外,网络拓扑结构基本不会发生变化,因此没有必要花费很大的代价频繁地更新路由表信息。

(3)为了提高网络的可扩展性,需要采用多跳通信的方式传送数据,而节点有限的存储资源和计算资源,使其不能存储大量的路由信息进行复杂的路由计算。如何在只能获取局部拓扑信息和资源有限的条件下实现简单高效的路由机制是传感器网络路由协议设计的一个基本问题。

(4)以数据为中心。无线传感器网络以数据为中心(Data Centric)进行路由,不同于传统 Ad Hoc 网络以地址为中心(Address Centric)进行路由的模式,以数据为中心进行路由是无线传感器网络路由协议的一个显著特点。在无线传感器网络中人们只关心某个区域的某个观测指标的值,而不会去关心具体某个节点的观测数据,例如可能希望知道某个监控区域的温度,而不会关心该监控区域中地址为 1 的节点所探测到的温度值。

（5）无线传感器网络节点分布密集，邻近节点间采集的数据具有相似性，存在大量冗余信息，为了减少节点的能量损耗，同时也为了提高节点采集数据的精度，感知数据需经融合（Data Fusion）处理后再进行路由。

（6）应用相关。无线传感器网络的应用环境千差万别，不同应用背景下的路由协议可能差别很大，没有一个通用的路由机制适合所有的应用。在设计路由协议时，需要针对每一个具体应用的需求来设计与之相适应的路由机制。

5.1.2 协议的研究现状

为了满足不同的应用需求，研究者已经研究出了大量的路由协议，现有无线传感器网络路由算法的研究主要基于以五方面的下思路。

1.降低通信能量消耗

无线传感器网络中节点能量消耗包括电路能量消耗和通信能量消耗两部分，其中后一种要远远大于前一种，并且随着传输距离的增加，传输单位比特数据所需要的能量迅速增加。一定范围内节点的数据通信符合无线传输的自由空间模型，能量消耗与通信距离的关系可以近似表示为 $E = kd^2$；如果超过一定的临界值能量消耗与通信距离的关系可近似表示为 $E = kd^4$。基于这个原因，无线传感器网络目前存在的平面路由协议几乎都采用多跳的传输策略，分簇路由协议也避免使用较多的簇头节点与 Sink 节点直接通信。[1]

---

[1] 许力.无线传感器网络的安全和优化.北京：电子工业出版社,2010:84－85

2. 优化簇头节点的位置

由于无线传感器网络中节点能量消耗和节点数据传输距离之间的密切关系,使得无线传感器网络中对于直接与 Sink 节点进行通信的传感器节点的选择成为路由算法中必须认真考虑的问题。在均匀分布的固定发射功率的网络中,节点负载只与节点跳数以及基站的位置和数量有关,与区域中节点分布的密度无关,基站应尽量放置在网络的中心位置。

3. 负载平衡

无线传感器网络通过多跳路由来降低通信能耗,传感器节点既是终端又是路由,大量节点采集的数据通过多跳方式流向基站,造成基站附近节点比远端节点要发送多得多的数据包,使基站附近的节点的能量很快将消耗殆尽。传感器网络的路由协议应尽可能地延长单个节点的生命周期,这就要避免网络中的部分节点因为太多地参与数据转发而过早死亡,节点能量的使用在一定程度上要尽可能均匀分布。

4. 数据融合

无线传感器网络是由大量的传感器节点组成的,节点收集到的数据有很大的相关性,应尽可能地降低网络中传输的冗余数据,因此需要传感器节点在传输数据之前进行数据融合,一些好的路由协议就是凭借良好的数据融合算法取得了良好的性能。

5. 睡眠机制

无线传感器网络用于监测特定区域的相关数据,某些应用没有必要连续地对敏感区域进行监测,只是在发生异常事件时才需要进行数据的传输,同时传感器节点的分布非常密集,监测区域相互重叠,如果使得全部传感器节点每时每刻都处在活跃的状态,必然是对传感器网络生命周期的一种浪费。如何在不影响正常应用的同时通过睡眠机制延长传感器网络的生命周期,是很多睡眠调度算法需要考虑的问题。

总之,目前主流无线传感器网络路由算法都是通过以上一种或几种思想融合来延长传感器网络的生命周期的。

5.2 路由协议设计

5.2.1 设计的目标

无线传感器网络具有异于传统无线网络的构成特性和应用特点,因此设计无线传感器网络中的路由协议应满足以下要求:

(1)能量高效。节点的能量十分有限,要求算法尽可能简单,并且能够高效传输信息,尽可能地节能。

(2)能量感知。由于节点能源无法补充,因此设计有效的路由策略应以延长网络的生命周期为核心问题,即算法应尽可能地使网络中所有节点的能耗均衡,而不让部分节点因能耗过快而失效,从而达到延长网络生命周期的目的。

(3)鲁棒性。算法应具备自适应性及容错性,指传感器节点容易因为能量耗尽或环境干扰而失效,部分节点失效不应影响整个网络的任务;无须人干涉可自行适应各种应用环境。

(4)可扩展性。网络中可能需要成百上千个传感器节点,因此路由设计应能满足大量节点协作,使其易于扩展,适合于不同规模的无线传感器网络。

(5)低延时性。算法必须满足应用的低延时要求,在所要求的时间内及时地将数据传送给远程中心。

（6）减少冗余信息。为尽可能减少数据发送,路由协议设计需要以数据为中心考虑,通过数据融合来有效减少信息冗余。

（7）安全。为防止监测数据被盗取和获取伪造的监测信息,路由协议应具有良好的安全性能,降低遭受攻击的可能性。

5.2.2　设计的影响因素

无线传感器网络中的路由协议设计是一个具有挑战性的课题,在路由协议的设计过程中,应当充分考虑到多种因素对路由协议的影响,包括无线传感器网络其自身因素以及其他技术因素。

1.无线传感器网络自身因素

无线传感器网络自身具有的特性会对路由协议的设计产生影响。它具有许多与传统网络不同的特性,主要有自组织性、多跳性、动态拓扑性、资源受限性。

（1）自组织性。网络的布设和展开无需依赖于任何预设的网络设施,节点通过分层协议和分布式协议协调各自的行为,节点开机后就可以快速、自动地组成一个独立的网络。

（2）多跳性。网络中节点通信距离有限,一般在几百米范围内,节点只能与它的邻居直接通信。如果希望与其射频覆盖范围之外的节点进行通信,则需要通过中间节点进行路由。固定网络的多跳路由使用网关和路由器来实现,而无线传感器网络中的多跳路由是由普通网络节点完成的,没有专门的路由设备。这样每个节点既可以是信息的发起者,也是信息的转发者。

（3）动态拓扑性。虽然在无线传感器网络中,节点很少移动,但是无线传感器网络是一个动态的网络。一个节点可能会因为电池能量耗尽或其他故障,退出网络运行;一个节点也可能由于工作的需要而被添加到网络中。这些都会使网络的拓扑结构随时发生变化。

（4）资源受限性。无线传感器网络中节点的能量资源、计算能力、通信带宽、存储容量都非常有限。因而在路由协议设计的过程中，应尽可能降低能量消耗，提高能量使用的有效性，避免过度使用低能量节点，从而延长网络生命周期。同时路由协议不能占用大量存储空间，也应当尽可能减少计算量。

2.其他技术因素

其他技术的采用，也会对无线传感器网络的路由协议产生影响，如数据融合技术、节点状态管理技术、定位技术等。

（1）数据融合技术。数据融合技术用来解决以数据为中心路由的内爆（Implosion）和重叠（Overlap）问题，减少传输的冗余信息，从而降低传输所消耗的能量。无线传感器网络是以数据为中心的网络。以数据为中心是指中继节点可以查看数据内容并进行处理。对于用户来说，感兴趣的是传感节点产生的数据，而不是传感节点本身。例如，用户会查询温度高于38℃的区域，而不是查询A节点测出的温度。因此，数据聚合技术是很有用的。节点通信时，可以通过网络内部的数据融合将各处传感节点的信息更加简练、明白地展现给用户。这不仅避免了数据冗余，提高了通信效率，也节约了能量。比如，一个节点接收到来自多个节点发送的数据信息，如果这些数据信息中对同一现象有相似的描述，那么就将冗余信息融合，减少向下一节点发送的数据量。

（2）节点状态管理技术。节点状态管理技术是对网络中的节点状态进行管理，提高能量使用效率。在无线传感器网络中，节点的状态一般分为传输、接收、空闲和休眠4个状态。节点处于不同的状态下，所消耗的能量级别是不同的。通过动态能量管理或动态电压调度可以对节点的能量使用动态优化，从而减少不必要的能量损耗。

（3）定位技术。定位技术用来确定网络中各个节点的绝对位置或者相对位置,一方面为传感的数据提供地理信息,另一方面可以利用节点的位置信息进行有效的路由。

5.2.3　设计中的常见问题

在路由协议的设计过程中,有许多影响因素要考虑,同时还存在一些容易让人忽视的问题。为了对路由协议的设计有更加清楚的认识,下面列出几点常见的关键性问题,主要有优化能量消耗、均衡能量消耗、合理选择多跳和优化传输路径。

1.优化能量消耗

在无线传感器网络中,能量受限是路由协议必须考虑的一个核心问题,优化能量消耗是追求的目标,而能量的理想化使用则非常难以实现。传统的路由协议能够做到避免网络拥塞和维持网络连通性,但它们没有考虑网络设备的能量受限问题,希望尽可能地延长无线传感器网络的生命周期。理想情况下,网络中传感器节点的能量如果同时消耗完毕,那么这是最令人欣喜的事情。

但是,设计理想化的路由协议是不实际的。图 5-1 是一种简单的无线传感器网络拓扑图。节点 A 和 E 首先各向节点 B 发送 50 个数据包,然后,节点 F 向节点 B 发送 100 个数据包。当节点能量不受限时,从负载平衡方面考虑,理想的路径分别为 ADB,ECB 和 FCB;然而,当节点能量受限时,假设每个节点最多可以发送 100 个数据包,那么这些路径就并非最理想化的路径。事实上,节点 C 在将节点 F 的 100 个数据包转发给节点 B 之前,它已经消耗了自身50%的能量用来将节点 E 的 50 个数据包转发给节点 B。因此在能量受限的情况下,理想的路径应当为 ADB,EDB 和 FCB。如果网络中除去节点 F,那么理想的路径应当为 ADB,ECB。

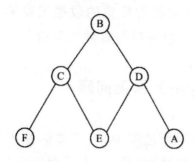

图 5-1　一种简单的无线传感器网络拓扑图

图 5-1 的研究表明,在能量受限的无线传感器网络中,理想化流量的调度需要能够准确预测未来数据量的多少。示例中,为使节点 B 获得最大量的数据包,我们必须在网络开始工作时,就已经准确知道未来的哪个节点将会发送多少数据包。而这一点要求在实际中是很难达到的,因此设计出的路由协议只可能在统计上达到最优。

2.均衡能量消耗

路由协议在考虑路由能量效率的同时也应当考虑网络能量的均衡消耗,路由协议即使能量效率很好,也不应该频繁使用某条路径或者某几个节点,否则有关节点的能量将很快耗完,引起网络分立和网络监测数据不完整或者网络失效。

在无线传感器网络中,常常会出现由于各个节点任务量的不同,造成一些节点很少被使用到,而其他节点的能量却消耗殆尽的情况,因此,节点能量的使用在一定程度上要尽可能均匀分布,以避免过度使用某些节点,造成节点因能量耗尽而死亡,降低了网络的生命周期。图 5-2 展示的是一定时间后网络的典型能量消耗分布柱状图,这种情况是我们不希望看到的,网络中一些节点几乎没被使用,而其他节点的能量却快消耗殆尽。随着节点的使用,节点的能量越来越低,那么这些节点就越容易趋向于消亡。图 5-3 展示的能量消耗分布柱状图,这种情况要比图 5-2 好许多,是我们所希望看到的。通过节点能量的均匀使用,可以使柱状能量分布比较紧凑,避免过度使用某些节点,以免造成网络节点能量分布不均。

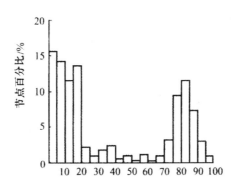

图 5-2　分布较差的能量消耗分布柱状图

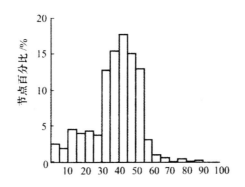

图 5-3　分布良好的能量消耗分布柱状图

为了更直观的说明节点能量消耗的均匀分布对网络生命周期的影响,我们采用两种路由方式来进行仿真说明,一种采用直接发送的方式将数据发往 Sink 节点,一种采用最短路径的方式来将数据发往 Sink 节点。图 5-4 显示的是 100 个节点在 50m×50m 区域中的随机分布图,每个节点具有相同的初始能量。图中黑色的小圆圈代表可以使用的传感器节点,如果能量耗尽则以小黑点表示,Sink 节点的坐标为(0,0)。

经过一定的时间后,可以发现大量的传感器节点因为能量耗

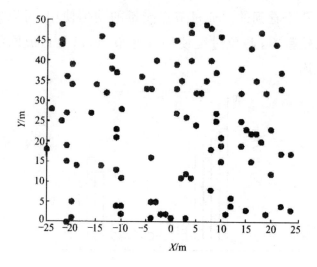

图 5-4　100 个节点的随机分布图

尽而消亡,消亡的节点用黑点来表示。图 5-5 是在采用直接发送方式的网络中节点的使用状况;图 5-6 是采用最短路径方式的网络中节点的使用状况。

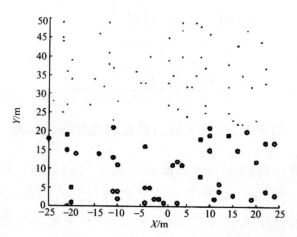

图 5-5　采用直接发送方式的网络中节点的使用状况

在图 5-5 中,离 Sink 节点较远的传感节点已经全部消亡,而离 Sink 节点较近的传感节点却仍有大量存活。这是因为采用直接发送数据到 Sink 节点的方式,离 Sink 节点越远的节点在发送

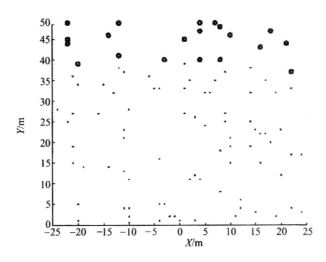

图 5-6　采用最短路径方式的网络中节点的使用状况

数据时所消耗的能量也越多,因此,节点在相同初始能量的情况下,离 Sink 节点越近的节点能发送的数据包数量也越多,存活时间也越长。

在图 5-6 中,离 Sink 节点较近的传感节点已经全部消亡,离 Sink 节点较远的节点却仍有大量存活。这是因为采用最短路径发送数据到 Sink 节点的方式,实际是一种多跳的方式,离 Sink 节点较近的节点不仅自身向 Sink 节点发送数据要消耗能量,同时在接收来自其他节点的数据并转发数据时,作为中继节点也要消耗能量。离 Sink 节点越远的节点成为中继节点的可能性越小,而离 Sink 越近的节点成为中继节点的可能性较大。因此,节点在相同初始能量的情况下,离 Sink 节点越远的节点能发送的数据包数量也越多,存活时间也越长。

3. 合理选择多跳

在无线传感器网络中,节点的能量受限,有效的通信半径也比较小。即使能够通过提高节点的发射功率来增加通信半径,可是由于随着距离的逐渐增大,信号的空间损耗也剧烈加强,因此,只能采用多跳的传输方式来传输数据以达到节省能量的目的。然而,采用多跳路由的传输方式来节省能量,降低信号的空间损耗,并不代表传输过程中数据包的跳数越多越节省能量。研究表明,路径上的多跳节点需要合理的选择才能实现以较少的能量消耗将数据发送到网关节点。

多跳节点的选择与传输能量模型是息息相关的。在无线传感器网络中,对电信号传输能量模型的不同假设,包括发射模型和接收模型能量的消耗,都会影响到不同路由协议的性能。在本书中,假设简单的传输能量模型,如图 5-7 所示,该模型考虑了发射机的发射能量,功率放大器消耗的能量,以及接收机接收信号的能量。

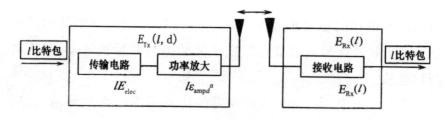

图 5-7　传输能量模型

信号强度的损耗与传输距离的远近有关。当传输距离相对较近时,传输路径损耗指数为 2;当传输距离相对较远时,传输路径损耗指数为 4。功率控制可以用来调节功率放大器的设置,来补偿路径损耗,以保证信号到达目标节点时的 SNR 达到接收机可以接受的值。因此,当传输距离为 d,数据量为 k 比特时,发射机消耗的能量为

$$\begin{cases} E_{\mathrm{T}x}(l,d) = E_{\mathrm{T}x\text{-elec}}(l) + E_{\mathrm{T}x\text{-amp}}(l,d) \\ E_{\mathrm{T}x}(l,d) = \begin{cases} lE_{\mathrm{elec}} + l\varepsilon_{\mathrm{friss\text{-}amp}}d^2 , \, d < d_{\mathrm{crossover}} \\ lE_{\mathrm{elec}} + l\varepsilon_{\mathrm{two\text{-}ray\text{-}amp}}d^4 , \, d \geqslant d_{\mathrm{crossover}} \end{cases} \end{cases}$$

式中,E_{elec} 为每比特数据在发送或接收过程中所消耗的能量;$\varepsilon_{\mathrm{friss\text{-}amp}}$ 和 $\varepsilon_{\mathrm{two\text{-}ray\text{-}amp}}$ 与这里使用的传输放大模型有关;d 为发射机

与接收机间的距离；$d_{\text{crossover}}$ 为距离常数。

一般情况下，当距离大于 $d_{\text{crossover}}$ 时，所带来的能量损耗较大，因此通常要求传输距离小于 $d_{\text{crossover}}$ 。接收 l 比特的消息，接收机消耗能量为

$$\begin{cases} E_{\text{R}x}(l) = E_{\text{R}x\text{-elec}}(l) \\ E_{\text{R}x}(l) = lE_{\text{elec}} \end{cases}$$

现有的许多多跳路由协议，在路径的能量消耗方面，仅仅考虑了整体传输的能量，而忽视了中间节点在接收时所消耗的能量。在这种情况下，只要保证 $l\varepsilon_{\text{friss-amp}}d^2$ 最小化即可，因此，只要满足条件

$$E_{\text{T}x\text{-amp}}(l, d = d_{AB}) + E_{\text{T}x\text{-amp}}(l, d = d_{BC}) < E_{\text{T}x\text{-amp}}(l, d = d_{AC})$$

或

$$d_{AB}^2 + d_{BC}^2 < d_{AC}^2$$

节点 A 就选择节点 B 作为中继节点转发数据到节点 C。

然而，在多跳的路由协议中，数据包发往目标节点的过程中，不但要经历 n 次发送，也需要经历 n 次接收，因此，有时采用多跳的路由方式所消耗的全部能量很可能要大于采用直接传送的方式。

图 5-8 所示为一个有几个节点的线性网络，其中相邻节点的距离为 r。假如要将一条 k 比特的数据从一个距离网关节点为 nr 处的节点发送，那么采用直接发送的方式，所消耗的全部能量为

$$E_{\text{direct}} = E_{\text{T}x}(l, d = nr)E = E_{\text{elec}}l + \varepsilon_{\text{amp}}l(nr)^2$$
$$= l(E_{\text{elec}} + \varepsilon_{\text{amp}}n^2r^2)$$

n 个节点

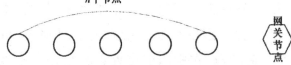

图 5-8　一个有 *n* 个节点的线性网络

在多跳路由中,每个节点向着网关节点的方向发送一条数据给最近的邻节点。因此,当源节点距离网关节点为 nr 时,一共消耗发送 n 次距离为 r 所需能量,以及接收($n-1$)次所需能量,也就是所消耗的全部能量为

$$E_{MTE} = n \times E_{Tx}(l, d = r) + (n-1) \times E_{Rx}(l)$$
$$= n(E_{elec} \times l + \varepsilon_{amp} \times l \times r^2) + (n-1) \times E_{elec} \times l$$
$$= l(2n-1)E_{elec} + \varepsilon_{amp} nr^2$$

如果直接传输所需要的能量比多跳路由所需要的能量少的话,只需要满足条件

$$E_{direct} < E_{MTE}$$

也就是

$$E_{elec} + \varepsilon_{amp} n^2 r^2 < (2n-1)E_{elec} + \varepsilon_{amp} nr^2$$
$$\frac{E_{elec}}{\varepsilon_{amp}} > \frac{r^2 n}{2}$$

式中,$\dfrac{E_{elec}}{\varepsilon_{amp}}$ 是一个常量。

假设 $\dfrac{E_{elec}}{\varepsilon_{amp}} = 500$,路径上有 10 个节点($n = 10$),那么可以推算出,$r < 10m$ 时,直接传输要比多跳传输整体消耗的能量少。

因此,尽管在无线传感器网络中采用多跳的机制可以节省能量,可以满足网络扩展性的需要,但是并不意味着跳数越多,传输所消耗的整体能量就少。

4. 优化传输路径

在无线传感器网络中,有时通过合理的选择分支节点来优化传输路径,也可以节省能量消耗。当需要将相同的数据发往不同的节点时,为了节省分别单独发送带来的能量损失,可以将数据先发送至一个中间节点,在中间节点处再将数据分别发送到不同节点。这里的中间节点就是分支节点。这里仅介绍一对二的传

输时分支节点的使用。

　　假设一个节点 A 要向两个节点 B 和 C 发送数据，如果 ∠BAC<120°，那么一定存在一个点 D 作为分支节点。考虑一种特殊情况下分支节点使用的情况，如图 5-9 所示，源节点 A 的坐标为 $(0,b)$，节点 B、C 的坐标分别为 $(-a,0)$ 和 $(a,0)$，则分支节点 D 处于 Y 轴上的某一点，坐标为 $\left[0,\dfrac{a}{\sqrt{3}}\right]$。由于传输能量很大程度上和距离相关，因此，是否采用分支节点的传送方式的能量损耗比较，可以近似为传输距离的比较。假设 $\lambda=\dfrac{b}{a}$，则不采用分支节点时，传输的距离为 $2\sqrt{1+\lambda^2}$，采用分支节点时，传输的距离为 $\lambda+\sqrt{3}$。因此，采用二者所消耗的能量比值为

$$\frac{E_m}{E_u}=\frac{\lambda+\sqrt{3}}{2\sqrt{1+\lambda^2}}\left[\lambda\geqslant\frac{1}{\sqrt{3}}\right]$$

式中，E_m 为采用分支节点时的能量消耗；E_u 不为采用分支节点时的能量消耗。

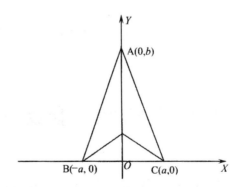

图 5-9　特殊情况下分支节点的使用

　　当 λ 趋近于无穷时，二者的比值为 $\dfrac{1}{2}$。这说明源节点离两个接收节点越远，也就是 b 越大，所节省的能量越多。

　　上面的例子是在一种特殊情况下，对分支节点的使用作了一

个直观的介绍。针对一般情况下分支节点的使用,如图 5-10 所示。∠BAC<120°,图中左边部分显示的是不采用分支节点的路由,右边部分中的实线显示的是采用分支节点的路由。图的右边部分中,一定能在长边 AC 上找到一点 D,使得 AB=AD。因为∠BAC<120°,所以在∠BAC 的角平分线上可以找到点 E,使得∠BED=120°。由 DC+ED>EC 得,AB+AD+DC+ED>AB+AD+EC,也就是 AB+AC+ED>AB+AD+EC。又由上面的特殊情况我们得知,AB+AD>AE+EB+ED。因此得出 AB+AC+ED>AE+EB+ED+EC。即 AB+AC>AE+EB+EC。可见通过采用分支节点 E,能够使传输所需要的整体距离缩短,从而达到节省传输能量的目的。[①]

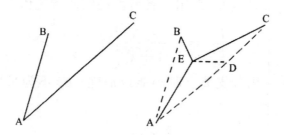

图 5-10 一般情况下分支节点的使用

5.3 典型的路由协议

针对无线传感器网络中数据传送的特点和难题,提出了许多新的路由协议。无线传感器网络路由协议从不同的角度可以进行不同的分类。按照驱动机制的角度可分为主动式路由协议和

---

① 周贤伟,覃伯平,徐福华.无线传感器网络与安全.北京:国防工业出版社,2007:33—38

按需式路由协议；按照网络的拓扑结构的角度可分为平面式路由协议和分簇式路由协议。根据大量的参考文献，按照现有无线传感器网络路由协议实现方法特点的角度，可以将它们分为洪泛式路由协议、以数据为中心的路由协议、层次式路由协议、基于位置信息的路由协议这四种类型。

5.3.1　洪泛式路由协议

洪泛式路由协议是一种传统的路由协议。它不要求维护网络的拓扑结构，也无需进行路由计算。接收到消息的节点以广播形式转发数据分组，直到目标节点接收到数据分组为止，或者达到为该数据分组所设定的最大跳数，或者所有节点都拥有此数据副本为止。其中，典型的路由协议有泛洪协议（Flooding）和闲聊协议（Gossiping）。

1.泛洪协议（Flooding）

泛洪协议是一种比较直接的实现方法，它不需要维护网络的拓扑结构和路由计算，接收到消息的节点以广播形式转发数据包给所有的邻节点，这个过程重复执行，直到数据包到达目的地或者该数据包的生命到期（TTL，在传感器网络里一般预先设定的最大跳数）。但消息的"内爆"（Implosion）、"重叠"（Overlap），以及"盲目使用资源"（Resource Blindness）是其固有的缺陷。

内爆问题是指将相同消息副本都发送到同一个节点。如图5-11 所示，节点 S 希望发送一条数据给节点 D。使用泛洪协议，节点 S 首先通过网络将数据副本传送给它的每一个邻居节点，每一个邻居节点又将其传输给各自除了刚刚给它们发送数据副本的节点 S 外的每一个邻居节点。

重叠问题是指如果 2 个节点共享有同一个感应区域，那么它们可能会同时发送相同的传感信息，如图 5-12 所示。

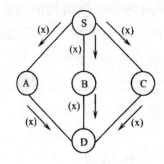

图 5-11　泛洪法的消息内爆问题

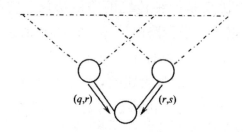

图 5-12　泛洪法的消息重叠问题

盲目使用资源是指传输协议没有考虑当前可用的能量资源所带来的问题。

Flooding 协议在传输数据时消耗的能量巨大,因此网络的生命周期一般很短,不适合于在节点较多的网络中使用,但是具有路径容错性好、传输延迟短的特点。

2. 闲聊协议(Gossiping)

为了克服 Flooding 的"内爆"和"重叠"的缺陷,S. Hedetniemi 等人提出了 Gossiping 协议,这是 Flooding 的改进版本,为节约能量,Gossiping 使用随机性原则,节点随机选取 1 个相邻节点转发它接收到的数据分组,而不是采用广播形式。尽管这种方法避免了消息的"内爆"现象,但是仍然无法解决部分重叠现象和盲目使用资源问题,同时经常产生数据重叠现象,可能增加端到端的数据平均传输延时,传输速度变慢。其中,新引入的数据重叠现象如图 5-13 所示,如果一个节点 E 已收到它的邻居节点 B 的数据副本,如果再次收到,那么,它将此数据发回它的邻居节点 B。

Gossiping 协议基于能量方面考虑,在传输数据时采用了随机选取节点的机制,从而大大降低了能量消耗,因此网络的生命周期要比 Flooding 长,同时路径具有好的容错性。但由于该协议采取随机选取下一跳节点,因此很多时候建立的路径并非较优的,再加上数据重叠现象带来的传输延迟,那么该协议会产生较大的传输延迟。

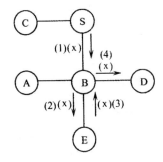

图 5-13　闲聊法的数据重叠现象

5.3.2　基于数据中心的路由协议

基于数据中心的路由协议,提出对无线传感器网络中的数据用特定的描述方式来命名,采用查询驱动数据传输模式将所有的数据通信都限制局部范围内。这种方式的通信不再依赖于特定的节点,而是依赖于网络中的数据,从而减少了网络中传送的大量冗余数据,降低了不必要的开销,从而延长网络生命周期。其中,典型的路由协议主要有:通过协商的传感器路由协议、定向扩散路由协议。

1. 通过协商的传感器路由协议（SPIN）

针对泛洪中出现的问题，W. R. Heinzelman 等人又提出了 SPIN 协议。SPIN 协议是以数据为中心的自适应路由协议，通过使用节点间的协商机制和资源自适应机制，来解决泛洪协议中的"内爆"和"重叠"问题。

传感器节点在传送数据之前彼此进行协商，协商机制可确保传输有用数据。节点间通过发送元数据（即描述传感器节点采集的数据属性的数据），而不是采集的整个数据进行协商。因为元数据大小小于采集的数据，所以，传输元数据消耗的能量相对较少。当有相应的请求时，才有目的地发送数据信息。

在传输或接收数据之前，通过采用资源自适应机制，每个节点都必须检查各自可用的能量状况，如果处于低能量水平，必须中断一些操作，比如充当数据中转的角色、停止数据转发操作等。

SPIN 协议中有三种类型的消息，即 ADV、REQ 和 DATA。节点用 ADV 宣布有数据发送，用 REQ 请求希望接收数据，用 DATA 封装数据。在发送 1 个 DATA 数据包之前，1 个传感器节点首先对外广播 ADV 数据包；如果 1 个邻居节点在收到 ADV 后有意愿接收该 DATA 数据包，那么它向该节点发送 1 个 REQ 数据包，接着节点向该邻居节点发送 DATA 数据包。类似地进行下去，DATA 数据包可被传输到网关节点。

SPIN 协议有四种不同的形式，具体如下：

（1）SPIN-PP。采用点到点的通信模式，并假定两节点间的通信不受其他节点的干扰，分组不会丢失，功率没有任何限制。要发送数据的节点通过 ADV 向它的相邻节点广播消息，感兴趣的节点通过 REQ 发送请求，数据源向请求者发送数据。接收到数据的节点再向它的相邻节点广播 ADV 消息，如此重复，使所有节点都有机会接收到任何数据。

（2）SPIN-EC。在 SPIN-PP 的基础上考虑了节点的功耗，只有能够顺利完成所有任务且能量不低于设定阈值的节点才可参与数据交换。

（3）SPIN-BC。设计了广播信道，使所有在有效半径内的节点可以同时完成数据交换。为了防止产生重复的 REQ 请求，节点在听到 ADV 消息以后，设定一个随机定时器来控制 REQ 请求的发送，其他节点听到该请求，主动放弃请求权利。

（4）SPIN-RL。它是对 SPIN-BC 的完善，主要考虑如何恢复无线链路引入的分组差错与丢失。记录 ADV 消息的相关状态，如果在确定时间间隔内接收不到请求数据，则发送重传请求，重传请求的次数有一定的限制。

然而，由于 SPIN 协议每次发送数据包前都需要发送检测数据包，因而数据传输延迟较大。在需要发送较多数据时，延迟显著加大，同时带来一些不必要的能量消耗。另外，SPIN 的数据广播机制不能保证数据的可靠发送，因此在诸如入侵检测等应用中不是好的选择。

2.定向扩散路由协议（Directed Diffusion）

定向扩散路由协议是 D. Estrin 等人专门为无线传感器网络设计的路由协议。它是以数据为中心的路由协议发展过程中的一个里程碑，是以数据为中心的路由协议中的典范。该协议引入了网络"梯度"（Gradients）概念，并将其与局部协议相结合应用于无线传感器网络的路由通信。网络"梯度"思想源自生物学中的蚂蚁种群模型。研究人员在实验过程中发现，绝大多数蚂蚁在擦肩而过时通过彼此发送信息激素可找到一条从源点到目标点的最短路径。透过这一现象，将其思想引用到网络中，产生了网络"梯度"的概念。

在定向扩散路由协议中，传感器节点使用特定的属性值来标识。查询信息包主要包括对象的类型、数据发送间隔时间、持续时间、位置区域四个组成部分，即

type＝four-legged animal   //标识查询的对象类型

interval＝1 seconds   //数据发送的时间间隔

duration＝10 seconds   //数据采集的持续时间

rect＝[－100,100,200,400]   //从哪个长方形区域查询信息

该查询信息表示要在横坐标从－100 到＋100,纵坐标从＋200 到＋400 的矩形区域内监测是否有 4 条腿的动物存在,采集时间为 10s,每 1s 发送一条数据信息。相应的返回到网关节点的数据包主要包括对象类型、实体名称、节点位置、信号强度、匹配可信度、事件发生的时间,即

type＝four-legged animal   //监测的对象类型

instance＝elephant   //动物名称

location＝[75,220]   //节点的位置

intensity＝0.6   //收集该信息的信号强度

confidence＝0.85   //数据匹配可信度

timestam p＝01:20:40   //事件发生的时间

该数据包表示,在节点(75,220)处于 01:20:40 监测到有对象的存在,节点感应到该信号的强度为 0.6,该数据的匹配可信度为 0.85。

定向扩散路由协议的主要思想是对网络中的数据用一组属性对命名,基于数据进行通信。该协议用查询驱动数据传送模式,当网关节点对某事件发出查询命令时就开始一个新的定向扩散过程,它由查询扩散、梯度场建立和数据传送三个阶段构成,图 5-14 描述了定向扩散模型的工作原理。

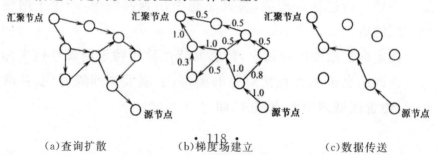

(a)查询扩散   (b)梯度场建立   (c)数据传送

图 5-14 定向扩散路由原理

在查询扩散阶段,网关节点采用和目标数据相似的一组属性对来命名它发出的查询信息。收到查询信息的节点,首先检查该查询信息是否已经存在缓存中,如果没有存在,那么就在缓存中创建该查询实体记录,并进行局部数据融合,最终查询信息遍历全网,找到所有匹配的目标数据。

梯度场建立阶段实际上和查询扩散阶段是同时进行的。在查询扩散阶段中,节点在缓存中创建查询实体记录时,记录中已经包含了邻节点指定的数据发送率也就是"梯度"。

在数据传送阶段时,网关节点会对最先收到新数据的邻节点发送一个加强选择信息,也就是发送具有更大的"梯度"的查询信息,接收到加强选择的邻节点同样加强选择它的最先收到新数据的邻节点,将这个带更大"梯度"值的查询信息进行扩散,这样最后会形成一条"梯度"值最大的路径。目标数据能沿这条加强路径以较高的数据发送率来传送数据,而其他数据发送率停留在较低水平的节点组成的路径可以作为冗余备份路径以增加网络可靠性。"梯度"变量与整个业务请求的扩散过程相联系,反映了查询请求的扩散过程中各节点对查询条件的匹配程度,值越大表示沿该路径获得匹配数据的可能性越大,与已有的路由协议有着截然不同的实现机制。这样的处理最终将会在整个网络中为网关节点的请求建立一个临时的"梯度"场,匹配数据可以沿"梯度"最大的方向中继回网关节点。当加强路径失效时,可以通过发送新的加强选择信息,从冗余备份路径中再次选择出一条加强路径。

定向扩散路由协议的主要特点是传感器节点使用特定的属性值来标识,数据的传输路径由节点同其相邻节点交互决定,同时引入梯度变量的概念来处理对传感器网络的查询。它采用邻节点间通信的方式来避免维护全局网络拓扑,通过查询驱动数据传送模式和局部数据融合而减少网络数据流,因此是一种高能源有效性的协议。但同样有很多缺陷:①因为它是基于查询驱动的数据传送模型,所以不能工作在那些需要数据持续传送到 Sink

节点的应用中(环境监测等);②数据命名只能针对于特定的应用预先定义;③初始查询和匹配过程的开销大,各个节点要维持和更新其他节点的属性值,这也需要一些额外开销;④定向扩散的兴趣消息扩散需要以广播的方式遍历网内所有节点,因此当节点数目增加时,时延会增大,可扩展性不好。

5.3.3 层次式路由协议

层次式路由协议的基本思想是将传感节点分簇,每层节点都会构成多个簇,簇内通信由"簇头"节点来完成,通过簇头节点进行必要的数据融合,从而减少传输的数据量,最后把经过融合的数据传送给网关节点。其中,典型的路由协议主要有:低能自适应聚类路由协议(LEACH,Low Energy Adaptive Clustering Hierarchy)、门限敏感的高效能耗传感器网络协议(TEEN,Threshold Sensitive Energy Efficient Sensor Network Protocol)。

1. 低能自适应聚类路由协议(LEACH)

LEACH 协议是 MIT 学者 A. Chandrakasan 等人为无线传感器网络设计的低功耗自适应聚类路由协议。该协议的特征主要有:动态的选举簇头、本地协调以产生簇群、同数据融合技术相结合。LEACH 定义了"轮"(Round)的概念,每一轮存在初始化阶段和稳定阶段两个状态。初始化阶段和稳定阶段所持续的时间总和称为一轮。

初始化阶段是簇头的形成阶段。每个节点决定在当前"轮"中是否成为簇头,成为簇头的概率是一个建议的固定值,需要根据网络中节点的数目而定。在初始化阶段,每一个节点从 0~1 中选取一个随机数,如果这个随机数小于这一"轮"所设定的门限值 $T(n)$,那么这个节点就成为簇头。随机性确保簇头与网关节

点之间数据传输的高能耗成本均匀地分摊到所有传感器节点上。$T(n)$ 的计算公式为

$$T(n) = \begin{cases} \dfrac{p}{1 - p \times (r \bmod 1/p)}, & n \in G \\ 0, & \text{其他} \end{cases}$$

式中，p 是节点成为一个簇头的期望百分比；r 为当前的轮数；G 为在最后的 $1/p$ 轮中还没有成为过簇头的节点集。

在第 0"轮"，即 $r = 0$ 时，每一个节点都有概率为 p 的可能性成为簇头。在第 0 轮中成为簇头的节点，在接下来的 $1/p$ 轮中不会再成为簇头。在经过 $\dfrac{1}{p} - 1$ 轮后，T 的值变为 1，这时还没有成为过簇头的节点就被选择为簇类节点；在经过 $1/p$ 轮后，所有节点再次开始平等地竞争是否当选簇头。

图 5-15 与图 5-16 显示的是不同"轮"次中簇头的分布情况，在 100m×100m 的范围内随机播撒 100 个传感器节点，用"○"表示。网关节点处于中心位置，用"×"表示。其中图 5-15 显示的是没有节点消亡时，某一轮的聚类情形，聚头用"﹡"表示；图 5-16 显示的是有部分节点消亡时，某一轮的聚类情形，消亡的节点用"◆"表示。

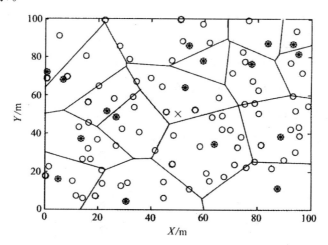

图 5-15　无节点消亡的簇头分布图

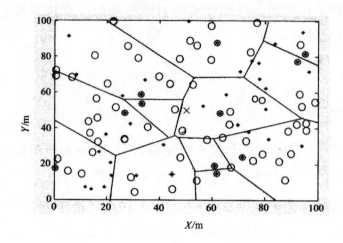

图 5-16 有节点消亡的簇头分布图

在随机产生出簇头后,成为簇头的节点再向网络广播聚类信息,告知其他节点产生了一个新的簇头。其他节点接收到的聚类消息后,根据信号强度来选择它要加入的簇,并通知相应的簇头。这样在初始化阶段,就构成了以多个簇头为核心的簇。各簇中的节点通过 TDMA 方式与簇头进行通信。

在稳定阶段,节点持续采集监测数据,传给簇头。聚头在将数据转发给网关节点前,先对从各节点接收来的数据进行必要的数据融合处理,减小通信业务量。在稳定阶段持续一定时间后,整个网络进入下一轮工作周期,重新进入初始化阶段,以使各节点轮流担任功耗较大簇头,大大地延长了系统的生命周期。为了避免额外的处理开销,稳定态一般持续相对较长的时间。

LEACH 协议是一种有效的自组织路由协议,它是通过动态的方式来选择簇头。表 5-1 显示的是在不同的初始能量条件下,LEACH 协议与其他路由协议生命周期的比较。与一般的平面多跳路由协议和静态聚类协议相比,LEACH 协议可以将网络生命周期显著延长,它主要通过随机选择簇头,平均分担中继通信业务量;以及通过数据融合技术,减少通信业务量来实现。

表 5-1 不同路由协议生命周期比较表

初始能量/ (J/节点)	路由协议	第1个节点 消亡的轮数	最后1个节点 消亡的轮数
0.25	直接传输	55	117
	最小能量传输	5	221
	静态聚类	41	67
	LEACH	394	665
0.5	直接传输	109	234
	最小能量传输	8	429
	静态聚类	80	110
	LEACH	932	1312
1	直接传输	217	468
	最小能量传输	15	843
	静态聚类	106	240
	LEACH	1848	2608

然而,LEACH 协议有它自身的不足,它既没有保证系统中簇头的定位,也没有保证簇的数量。同时,LEACH 协议实现的一个前提假设就是网络中所有的节点都能够与网关节点直接建立通信,因此该协议仅适用于较小规模的网络中,不便于网络的扩展。另外重建簇的及时性和必要性没有相应的机制来保障,而且所有节点以相同的概率成为簇头缺乏对节点能量特性的考虑。①

2.门限敏感的高效能耗传感器网络协议(TEEN)

在 TEEN 协议中,Manjeshwar 等人根据无线传感器网络的应用模式,将无线传感器网络分为主动和响应两种类型。其中主

---

① 周贤伟,覃伯平,徐福华.无线传感器网络与安全.北京:国防工业出版社,2007:42—44

动型网络的主要任务是不断采集被监测对象的相关信息,并以某个频率向 Sink 节点发送这些信息;响应型网络的主要任务是监测某个特定事件的发生,这类网络的节点只有在节点检测到相关事件时才会向 Sink 节点发送信息。相比之下,响应型传感器网络更适合应用在敏感时间的应用中,如森林火灾监测传感器网络。

TEEN 被设计为适用于响应型应用环境下的网络路由协议,也是以数据为中心的一种路由技术。TEEN 和 LEACH 的实现机制非常相似,只是前者是响应型网络,而后者属于主动型网络。每当簇头改变后,簇头除了发送自己的相关属性外,还会广播其他两个成员参数:硬门限和软门限。两个门限用来决定是否发送监测数据,其中:硬门限用于监视被监测值的绝对大小;软门限用于监视被监测值的变化幅度。

当节点的监测值超出当监测值超出硬门限的设定值时,节点必须将数据发送给聚类节点。当数据第一次超过设定的硬门限时,节点用它作为新的硬门限,并在接着到来的时隙内发送它。在接下来的过程中,如果监测数据的变化幅度大于软门限界定的范围,则节点传送最新采集的数据,并将它设定为新的硬门限。

图 5-17 显示了其时序操作过程。

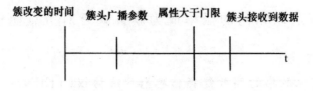

图 5-17　TEEN 协议时序操作图

在 TEEN 协议中,通过合理的设置硬门限和软门限,仅仅传输用户感兴趣的信息,从而可以有效地降低系统的通信流量以降低系统的功耗。仿真研究表明,TEEN 协议比 LEACH 协议更有效,但是由于该协议引入了硬门限值,因此当收集的数据小于设定的值时,那么节点就不会发送数据;该协议中引入了软门限值,因此对变化幅度不大的感应数据不能及时地做出响应,从而一定程度上限制了该协议在实际应用中的广泛适用性。同时,与LEACH 协议一样,该协议实现的一个前提假设就是网络中所有的节点都能够与网关节点直接建立通信,因而,也仅适合于小规模的无线传感器网络中,不利于网络的扩展。

5.3.4　基于位置信息的路由协议

基于位置信息的路由协议主要利用节点的位置信息来建立有效的传输路径。这种类型的路由协议都假设备节点的位置信息已知,每个节点仅仅需要了解其邻节点的位置信息,而不需要了解整个网络的拓扑信息。节点通过判断邻节点与 Sink 节点的相对位置,从而决定其下一条节点。其中,典型的路由协议主要有:无状态的贪婪周边路由协议(GPSR,Greedy Perimeter State-less Routing for Wireless Networks)、传感器网络中基于位置的能效路由(GPER,Geographic Power Efficient Routing in Sensor Networks)。

1.无状态的贪婪周边路由协议(GPSR)

GPSR 协议是哈佛大学的 Brad Karp 和 H. T. Kung 提出的一种新颖的路由协议。该协议仅需要单跳的网络拓扑信息:每个节点仅知道其邻节点的位置。节点自身所描述的位置信息是基于位置信息的路由协议的关键。数据包目标节点以及下一跳候选节点的位置信息,足以使当前节点作出正确的前向发送选择,而不需要网络其他的拓扑信息。

传送的数据存在两种模式:一是贪婪转发模式;二是周边转发模式。接收到贪婪转发模式数据的节点,搜索它的邻节点表,如果由邻节点得到网关节点的距离小于该节点到网关节点的距离,则当前的数据模式保持不变,并转发到贪婪策略所选择的邻居节点;否则,改变数据模式为周边转发模式,并在数据的包头中记录下模式改变的位置和距离等相关信息。周边转发模式采用简单的平坦图遍历协议。

在数据发送时,所有数据处于贪婪转发模式下。GPSR 协议假设所有的节点都获得了自己的位置信息,并且能够了解到其周围邻节点的位置信息,数据包中标记了目标节点的位置。因此,中继节点能够通过本地决策,利用贪婪选择来选择数据包的下一跳节点。也就是说,如果一个节点知道它的所有邻节点的位置,那么本地决策选择的下一跳节点是距离目标节点最近的那个邻节点。通过这种方式连续不断的选择距目标节点更近的节点进行数据转发,直到到达目标节点为止。图 5-18 是一个利用贪婪转发策略选择下一跳节点的示例,节点 x 接收到一个要发往目标节点 D 的数据包。节点 x 的传输范围用以 x 为圆心的点线圆来表示,以节点 D 为圆心的虚线圆弧的半径为节点 y 到节点 D 距离。节点 x 将数据包发往节点 y,因为节点 y 到节点 D 的距离小于节点 x 的其他所有邻节点到节点 D 的距离。这样的前向转发过程重复进行,直到数据包到达节点 D。

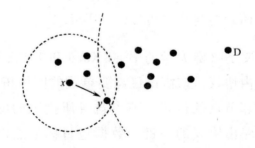

图 5-18 利用贪婪转发策略选择下一跳节点

然而,这样的贪婪转发策略是有缺陷的;因为在路由过程中会出现路由"空洞"。如图 5-19 所示,在这样的拓扑条件下,我们容易看出,节点 x 到目标节点 D 的距离比它的邻节点 ω 和 y 到目标节点 D 的距离都近。尽管存在两条路径到达目标节点 D,分别为($x \to \omega \to v \to$ D)和($x \to y \to z \to$ D),但是根据贪婪转发策略,节点 x 不会选择节点 ω 或 y 为下一跳转发节点,因为节点 x 是当前距离目标节点 D 最近的节点。因此,需要有其他转发机制来解决遇到的这种问题,这就是周边转发机制。

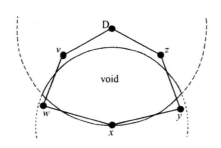

图 5-19　贪婪转发遇到的"空洞"问题

周边转发机制的基本思想是节点 x 不使用图中阴影区的节点作为下一跳,而采用平坦图的路由协议,以迂回的方式选择下一跳节点进行数据转发。

所谓平坦图,就是指任何两条边不交叉的图。将无线传感器网络模型化图,图的顶点为节点,边为节点间的数据链路。每个节点可以按如下方法来构造平坦子图:以节点的传输范围为半径画圆,两个节点的交叉区域中的节点不包含进子图中,如图 5-20 所示,也就是

$$\forall w \neq u, v : d(u, v) \leqslant Max \left[d(u, w), d(v, w) \right]$$

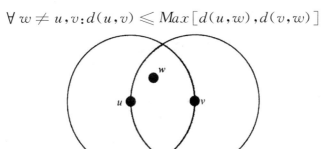

图 5-20　平坦图的构造

平坦图的遍历采用右手定则，如图 5-21 所示。右手定则是指 x 转发 y 的数据分组，在多边形的内侧按照逆时针遍历到边（x，z）；在多变形的外侧，按照顺时针进行遍历。使用右手定则遍历节点的平坦子图，形成到目标节点的转发路由。

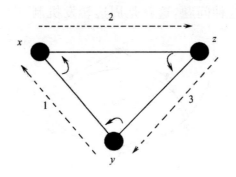

图 5-21　右手定则

GPSR 协议将贪婪转发与周边转发相结合，它的数据分组包头格式如表 5-2 所列。假设，数据分组在节点 x 处进入周边转发模式，GPSR 协议沿着接近目标节点 D 的一侧进行数据转发。不管在多边形的外侧还是内侧，遍历都采用右手定则选择与边（x，D）交叉的边。接收到周边转发模式的数据分组的节点，如果其邻居节点到节点 D 的距离小于其到节点 D 的距离，则重新将数据分组恢复为贪婪转发模式，否则继续进行周边转发。图 5-22 是一个周边转发的实例，前 2 个以及最后的一个遍历沿着多边形内侧进行转发，第 3 个遍历沿着多边形的外侧进行转发。

表 5-2　GPSR 协议的数据分组包头格式

字段	功　能
D	目标节点的位置
L_p	数据分组进入周边转发状态的位置
L_f	数据分组在直线 z 进入当前面的点
e_0	在当前面遍历的第 1 条边

| M | 数据分组模式:贪婪转发或周边转发 |

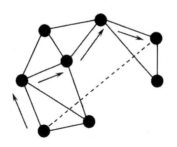

图 5-22　周边转发实例

GPSR 协议不依赖于整个网络的拓扑信息,仅需要了解邻节点的位置信息,从而大大降低了维持网络拓扑信息的消耗,同时该协议具有较好的容错性和拓展性。但是该协议没有在能效方面对路由进行考虑,从而容易导致某些节点过度使用,缩短了网络的生命周期;而且,当网络中存在"空洞"时,尽管采用贪婪机制可以采用迂回的方式将数据发送到网关节点,可是这样的路径并非高能效路由,造成了节点能量的多余损耗。

2.传感器网络中基于位置的能效路由协议(GPER)

GPER 协议是美国亚利桑那州大学的 Shibo Wu 等人针对传感器网络提出的一种基于位置信息的高能效路由协议。该协议的主要思想是将向网关节点发送数据的传输过程,看成是由许多向子目标节点发送数据的传输过程组成,通过子目标节点的逐步建立,最终将数据发送到网关节点。

如果节点传输范围内的邻节点数目较少,那么每个节点只需要用很小的路由表来记录其邻节点信息。在网络初始化时,每个节点都了解到其邻节点信息,并将它们的坐标记录下来。GPER 协议包含两种路由模式,分别为与邻节点建立路由、与非邻节点建立路由。与邻节点建立路由用来从源节点传输范围内的节点中确定最好的下一跳节点,它不仅考虑了哪个邻节点距离目标节点较近,同时也考虑了如果通过中间节点来传输数据到该邻节点可以节省多少能量。与非邻节点建立路由用来与非源节点传输范围内的节点建立路由,它依赖于第一种模式,并且通过动态的调整子目标节点以及强制性路由技术来实现。

GPER 协议的高能效路由是建立在其能量模型基础上的。该协议认为节点在不超出其最大功率的条件下可以自动的调整发射功率。信道能量损耗模型采用 $\rho = a\delta^\gamma + b$,其中:$\rho$ 代表传输能量;δ 为传输距离;a 和 b 为常数;γ 为路径损耗系数,一般值为 2 或者 4。该协议认为,在较短距离内,b 在能量消耗中占据主导地位;在较远距离时,$a\delta^\gamma$ 在能量消耗中占主导地位。

在与邻节点建立路由的过程中,给定一个源节点 S 和一个目标节点 D,D∈N_s。其中,N_s 为节点 S 的邻节点集。在建立最小能量消耗的路由过程中,如果在较短距离内,则能量模型中常量 b 占能量消耗的主导地位,这时采用直接发送的方式,不经过中间节点的转发;如果在较远距离时,则能量模型中距离敏感能量消耗项占能量消耗的主导地位,这时选择中间节点进行多跳转发。

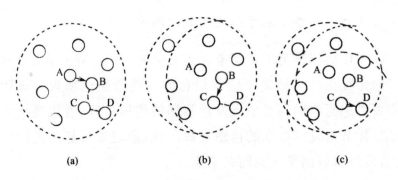

(a)   (b)   (c)

图 5-23　与邻节点建立路由示意图

我们用下面的示例来说明与邻节点建立路由的过程,如图 5-23所示,节点 A 要向节点 D 发送一个数据包,节点 D 在节点 A 的传输范围内。假设节点 A 可以了解自身能量状态,也知道它的传输范围内所有的邻节点信息,那么节点 A 发现到达节点 D 的最小能量消耗路径为 A → B → C → D,因此将数据包发往节点 B。节点 B 发现到达节点 D 的最小能量消耗路径为 B → C → D,因此将数据包发往节点 C。节点 C 最后将数据包发送到目标节点 D。

在与非邻节点建立路由的过程中,采用了动态调整子目标节点和强制性路由技术。给定一个目标节点 D,源节点 S,节点 S 选择它的邻节点中距离节点 D 最近的节点 U 作为子目标节点。这与 GPSR 协议中的贪婪转发非常相似,尽量选择离目标节点最近的节点作为下一跳,以减少总体的跳数。在 GPER 协议中,一旦确定了子目标节点 U,就发动与邻节点建立路由的过程,通过中间节点有效的传输数据包而不是直接发送给节点 U。同时,正如该协议所描述的那样,每一个中间节点也要进行动态子节点选择,因此数据包可能会不经过节点 U 发送到节点 D。下面介绍动态调整子目标节点和强制性路由技术。

动态调整子目标节点主要用来不断的对路径进行调整,以建立高能效的路由。在与邻节点建立路由的过程中,源节点建立了一条本地优化的最小能量消耗路径到达它的子目标节点。下一跳节点也利用自己的能量状况和它的邻节点信息找出一个新的子目标节点。因此,通过不断调整子目标节点直到到达目的节点。这样可以有效的避免由于局部的判断导致严重背离目标节点,在转发节点处能够及时有效的纠正。

图 5-24 所示的是动态子目标节点的选择过程。图中源节点 A 要向目标节点 G 发送数据,为了达到这个目的,节点 A 选择其子目标节点 D,并建立路径 A → B → C → D,数据包发往下一跳节点 B。节点 B 收到数据包后,根据它的邻节点集进行判断,选择出子目标节点 F,并建立路径 B → E → F,将数据包发往 E,而不是利用先前节点 A 的决策发往节点 C。节点 E 也根据其邻节点集选择出子目标节点,数据包可能根本就不会通过先前节点 A

所决定的节点 D 来到达目的节点 G。

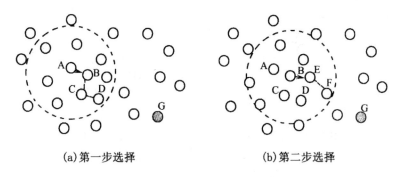

(a)第一步选择　　　　　　　(b)第二步选择

图 5-24　动态子目标节点的选择过程

　　然而,动态调整子目标节点有一定缺陷,可能会导致路由环的出现,因此需要采用路由强制技术来避免路由环的产生。如图 5-25 所示的是强制性路由技术。图 5-25(a)和图 5-25(b)说明了路由环问题的产生。图 5-25(a)中,节点 B 比节点 A 距离节点 D 近。首先,节点 A 选择节点 C 作为子目标节点,发送数据包到节点 B;然后,节点 B 选择节点 F 作为子目标节点,发送数据包到节点 A,这是因为节点 A 在节点 B 和 F 间的最小能量消耗的路径上。这将导致节点 A 和 B 间的无穷路由环。为了避免路由环的产生,GPER 协议中采用了强制性路由技术。当一个潜在的路由环产生时,就使用强制性路由技术。采用强制性路由技术,数据包仍然可能到达同一个节点多次,但是这样的路由环是临时的。在图 5-25(b)中,当节点 B 发现节点 A 到目标节点 D 的距离比自己还要远时,那么它就将数据包标记为强制性路由,并将子目标节点固定为节点 F。此后,节点 B 仍将数据包发给节点 A,因为节点 A 距离固定的子目标节点 F 比节点 B 要近。因为子目标节点固定,因而这次节点 A 选择节点 E 为下一跳节点,而不是节点 B,如图 5-25(c)所示。图 5-25(d)展示的是节点 E 向固定子目标节点 F 发送数据。从而有效的避免了无穷路由环的产生,尽管在传输过程中经历了 A → B → A 这样的路由环,但是这样的状态是临时的,最终数据包被发送到了目标节点 D。

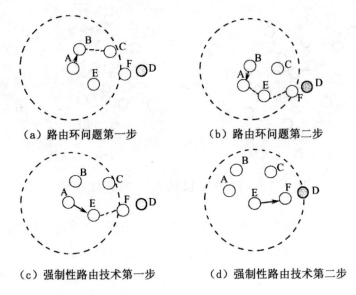

（a）路由环问题第一步　　　　　（b）路由环问题第二步

（c）强制性路由技术第一步　　　（d）强制性路由技术第二步

图 5-25　强制性路由技术

GPER 协议同 GPSR 协议一样,在路由过程中,可能会出现路由"空洞"问题,这时与 GPSR 一样,需要采用平坦图转发策略来进行路由发现过程。

GPER 协议除具有 GPSR 协议的优点外,同时也从能效方面作了简单考虑,根据距离远近,合理地选择是否采用多跳方式传送数据,但是仍然没有考虑节点过度使用问题,因此它的网络生命周期也不是很长。在遇到"空洞"问题时,选择的路径仍然是非高能效的路由,同样也造成了节点能量的浪费。[1]

5.3.5　典型路由协议的分析比较

在无线传感器网络中,根据各种路由协议的特点,将它们分为 4 种类型。表 5-3 为典型路由协议性能的简单总结和比较。

---

① 周贤伟,覃伯平,徐福华.无线传感器网络与安全.北京:国防工业出版社, 2007:45—50

表 5-3　典型路由协议综合性能比较

协议名称	性能比较				以数据为中心
	生命周期	传输延迟	路径容错	可扩展性	
Flooding	短	短	好	差	×
Gossiping	短	长	好	差	×
SPIN	较短	长	好	较好	√
LEACH	长	较短	较好	较好	×
TEEN	长	较短	较好	较好	√
Directed Diffusion	长	较短	好	较好	√
GPSR	较短	短	好	好	×
GPER	较短	短	好	好	×

　　通过综合的分析比较,不难看出,无线传感器网络中路由协议的设计需要相关技术的支持,比如,LEACH、TEEN、Directed Diffusion 这些路由协议均需要采用数据融合技术,才能体现出它们在减少通信业务量上的优势。同时,本文介绍的多种路由协议,均需在一定的假设前提条件下,才能够很好的完成协议,比如,GPSR、GPER 要求每个节点在网络初始化时,都能了解到其邻节点的位置信息;而 LEACH、TEEN 却要求保证每个节点都能够与网关节点进行直接通信。

　　这些路由协议都是基于特定应用环境下而设计的,在不同的条件下,不同的协议表现出不同的性能,因此,不能绝对地说哪种协议最优。比如,当需要持续监测网络中所有区域的状态信息时,那么使用 LEACH 协议要比 TEEN 协议更加有效;但是,当只需要收集满足一定条件的数据信息时,那么使用 TEEN 将发挥更好的性能。[①]

---

① 周贤伟,覃伯平,徐福华. 无线传感器网络与安全. 北京:国防工业出版社,2007:50—51

5.3.6　组播(Multicast)和选播(Anycast)路由协议

上面着重介绍了单播(Unicast)路由协议,但近来引入了组播和选播技术来支持具有 QoS 的服务。因为传感器网络具有大规模、低能量、易失效等性质,所以传统的 QoS 算法不能直接应用到传感器网络。组播和选播路由协议针对传感器网络所解决的问题是:①具有伸缩性;②需要针对能耗、带宽、延时这些主要约束条件,结合非精确状态信息,提出有效的 QoS 路由算法,并寻找求解多约束条件 QoS 路由问题的试探算法;③需要针对能耗、带宽、延时这些主要约束条件,结合非精确状态信息,提出有效的 QoS 路由算法;并寻找求解多约束条件 QoS 路由问题的试探算法。

典型的 QoS 组播算法:Mobicast。代表性的选播算法是SARP(Sink-based Anycast Routing Protocal)。

现有的路由协议只是解决了上述关键问题的部分,但如何更适合无线传感器网络还值得更深入研究。

第6章　无线传感器网络的数据融合

本章首先对数据融合进行概述,从不同角度对数据融合技术进行分类。接着分析无线传感器网络数据融合技术,在此基础之上进一步分析典型的无线传感器网络的数据融合算法。

6.1　概述

在无线传感器网络的信息收集过程中,采用各节点单独传送数据到汇聚节点的方法不太合适。这是因为相邻的节点采集的信息往往存在相似性(形成冗余数据),各个节点单独传送冗余数据会在一定程度上浪费过多的通信带宽,消耗过多的能量,缩短整个网络的生存时间。为避免上述问题,无线传感器网络在收集数据的过程中需要使用数据融合技术。

数据融合的基本思想是:在从各个节点收集数据的过程中,利用节点本地的计算和存储能力处理数据,去除冗余数据,尽量减少网络内的数据传输量,提高数据采集效率,达到减少能源消耗、延长网络生命期的目的。

传感器网络中的数据融合技术可以从不同的角度进行分类。

1.根据节点处理层次分类

根据节点处理的层次,可分为集中式融合和分布式融合。

（1）集中式融合。集中式融合是指多个源节点直接将数据发送给汇聚节点，所有的细节信息均被保留，最后由汇聚节点进行数据的融合。优点是信息损失较小，但由于节点分布较为密集，多源对同一事件的数据表征存在近似的冗余信息，这样将使网络消耗更多的能量，在节能要求高的无线传感器网络中不利于网络的长期运作。

（2）分布式融合。分布式融合是一种网内数据融合，传感器节点探测到的数据在逐次转发的过程中不断被处理，即中间节点查看数据包的内容，进行相应的数据融合后转发给下一跳。与集中式相比，分布式减少了通信传输量，降低了能耗，但融合精确度较低。

2.根据融合前后数据信息量变化分类

根据融合前后数据信息量的变化，可分为无损融合和有损融合。

（1）无损融合。无损融合中，全部细节信息均被保留，仅去除数据中的冗余部分。这种方法不改变各个分组所携带的数据内容，只是缩减了分组头部的数据和传输多个分组所需的控制开销，保证了数据完整性。

（2）有损融合。有损融合通常会采用省略一些细节信息或降低数据质量的方法来减少需要存储或传输的数据量，在一定程度上减少了网络通信量，是进行网内处理的必然结果。相对传感器节点的原始数据，有损融合后损失了大量信息，仅能满足数据收集者的需求。

3.根据信息抽象层次分类

根据信息抽象层次，可分为数据级融合、特征级融合、决策级融合。

数据级融合在采集层上对原始数据直接进行融合，在多源数据未经预处理之前就进行数据综合和分析；特征级融合对各传感器采集的原始数据进行特征提取后再进行综合分析和处理，达到融合的目的；决策级融合是对监测对象的不同类型传感器信息形成的决策进行最后的综合分析，从而得出判决信息。

6.2　数据融合技术

无线传感器网络中数据融合的主要目的是节省网络能量、增强所采集数据的准确性和提高采集数据的效率。无线传感器网络中的数据融合技术是指按照某一特定的规则，在无线传感器网络中建立一种特定的融合树，数据在从树叶到树根的传送过程中，中间节点对数据进行"多入单出"融合处理，仅将融合处理后的少量有用数据向上汇报。数据融合技术虽然增加了中间节点的计算量，但减少了数据传输过程中的冗余、减少了信道冲突，降低了通信功耗。无线传感器网内数据融合主要是为了减少数据传输量，减少能源的消耗，延长网络生存周期。

6.2.1　数据融合层次

无线传感器网内数据融合主要有两个融合层次，即数据包级和应用级。

1. 数据包级融合

数据包级上的融合操作有两种方法：有损的和无损的。在有损融合中，通常采用减少信息的详细内容或降低信息质量的方式来减少数据传输量，从而达到降低功耗的作用；而在无损融合中，所有的信息都将会得到保留。在各个结果之间有非常大的相关性的情况下,会存在许多冗余数据。无损融合的两个例子是时间戳融合和打包融合。时间戳融合可以在远程监测的任务中使用。在这种情况下,数据信息可能包含多种属性,各属性中均包含有时间戳。不同属性之间或许是时间相关的(如彼此都是在 1s 之内产生的),那么不同属性中的时间戳就可以使用一个共同的时间戳来表示。在打包融合中,几个未经融合的数据包被打成一个数据包(不压缩)。这样,在这里唯一的节省就是这些数据包包头的节省。

2. 应用级融合

应用级上融合操作是用整个网络作为对数据信息进行处理的计算平台,数据信息能够在将数据传送给用户提取分析前在网络内进行预处理。例如接收节点只对感知数据的最大值感兴趣,那么如果一个节点同时收到了两个感知数据的包,则只需传送包含最大值的数据包。

6.2.2 路由协议中的数据融合

路由协议负责将数据分组从源节点通过网络转发到目的节点,它主要包括两个方面的功能:①寻找源节点和目的节点间的优化路径;②将数据分组沿着优化路径正确转发。

在无线传感器网络中,路由协议需要高效利用能量;并且传感器数量往往很多,节点只能获取局部拓扑结构,这就要求路由协议能在局部网络信息的基础上选择合适路径。无线传感器网络的路由协议常常与数据融合技术结合在一起,通过减少通信量达到降低功耗的目的。

无线传感器网络数据融合是在数据从 Sensor 节点向 Sink 节点汇聚时发生的。数据沿着所建立的数据传输路径传送,并在中间的融合节点上进行融合。越早进行数据融合就越能更多地减少网络内的数据通信量。在网络中有大量的数据融合节点的组合,则找到一个最优的组合方式来达到最小的数据传输量就显得非常困难。

Directed Diffusion 在 Sensor 节点与 Sink 节点之间根据启发式的分布式算法建立有效的通信路径,数据通过这些路径向 Sink 节点汇聚,从不同 Sensor 节点产生的数据在建立共享路径的中间节点上进行数据融合。

为了更多地节省能源,需要更好的数据分发策略以尽早在共享路径上实现数据融合,出现了 GIT(Greedy Ineremental Tree)数据路由算法。GIT 算法是建立一棵融合树作为数据的传输路径,并在非叶子节点上进行数据融合。首先,在第一个 Sensor 节点与接收节点之间建立一条最短路径,然后其他的 Sensor 点逐个连接到这个已经存在的树上的节点,并成为这棵树的一部分。非叶子节点在一段时间内接收到多个数据并延迟一段时间,然后将这些收到的数据融合后发送。

EADAT 算法使用邻居广播策略和邻居中分布式的竞争机制。其主要思想是分布和启发式地建立和维护一棵融合树,关闭所有叶子节点的无线电通信来减少能源消耗,达到延长网络生命期的目的。因此,为了减少广播信息的数量,只有非叶子节点才能够进行数据融合和转发数据。

6.2.3　数据融合方法

无线传感器数据融合要靠各种具体的融合方法来实现。在一个无线传感器网络中,各种数据融合方法将对系统所获得的各类信息进行有效处理或推理,形成一致的结果。无线传感器网络数据融合目前尚无一种通用的融合方法,一般要根据具体的应用背景而定,归纳起来,信息融合方法主要有:直接对数据源操作的方法、基于对象的统计特性和概率模型的方法、基于规则推理的方法。

1. 直接对数据源操作的方法

(1)加权平均法。加权平均法是最简单直观的实时处理信息的融合方法。基本过程如下。

设用 n 个传感器对某个物理量进行测量,第 i 个传感器输出的数据为 x_i,其中 $i=1,2,\cdots,n$。对每个传感器的输出测量值进行加权平均,加权系数为 ω_i,得到的加权平均融合结果为:

$$\overline{X} = \sum_{i=1}^{n} \omega_i x_i$$

加权平均法将来自不同传感器的冗余信息进行加权平均,结果作为融合应用。该方法必须先对系统和传感器进行详细分析,以获得正确的权值。

(2)神经网络法。神经网络是模拟人类大脑而产生的一种信息处理技术,它采用大量以一定方式相互连接和相互作用的具有非线性映射能力的神经元组成,神经元之间通过权系数相连。将信息分布于网络的各连接权中,使得网络具有很高的容错性和鲁棒性。神经网络根据各传感器提供的样本信息,确定分类标准,这种确定方法主要表现在网络的权值分布上,同时还采用神经网络特定的学习算法进行离线或在线学习来获取知识,得到不确定性推理机制,然后根据这一机制进行融合和再学习。

当在同一个逻辑推理过程中的两个或多个规则形成一个联合的规则时,可以产生融合。神经网络具有较强的容错性和自组织、自学习、自适应能力,能够实现复杂的映射。神经网络的优越性和强大的非线性处理能力,能够很好满足多传感器数据融合技术的要求。

基于神经网络的传感器数据融合具有如下特点:具有统一的内部知识表示形式,通过学习可将网络获得的传感器信息进行融合,获得相关网络的测量参数,并且可将知识规则转换成数字形式,便于建立知识库;充分利用外部环境信息,有利于实现知识自动获取及进行联想推理;具有大规模并行处理信息的能力,能够提高系统的处理速度。

由于神经网络本身所具有的特点,它为多传感器数据融合提供了一种很好的方法。基于神经网络多传感器融合的一般结构如图 6-1 所示,其处理过程如下。

(1)用选定的 N 个传感器检测系统状态。

(2)采集 N 个传感器的测量信号并进行预处理。

(3)对预处理后的 N 个传感器信号进行特征选择。

(4)对特征信号进行归一化处理,为神经网络的输入提供标准形式。

(5)将归一化的特征信息与已知的系统状态信息作为训练样本,输入神经网络进行训练,直到满足要求为止。该训练好的网络作为已知网络,只要将归一化的多传感器特征信息作为输入信号输入该网络,则网络输出就是被测系统的状态。

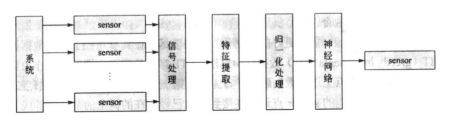

图 6-1　基于神经网络的传感器数据融合

2.基于对象的统计特性和概率模型的方法

(1)Kalman 滤波法。Kalman(卡尔曼)滤波法主要用于动态环境中冗余传感器信息的实时融合,该方法应用测量模型的统计特性递推地确定融合数据的估计,且该估计在统计意义下是最优的。滤波器的递推特性使得它特别适合在那些不具备大量数据存储能力的系统中使用。对于系统是线性模型,且系统与传感器的误差均符合高斯白噪声模型,则 Kalman 滤波将为融合数据提供唯一的统计意义上的最优估计。对系统和测量不是线性模型的情况，可采用扩展的 Kalman 滤波。对于系统模型有变化或系统状态有渐变或突变的情况，可采用基于强跟踪的 Kalman 滤波。下面对常规卡尔曼滤波融合算法做简要介绍。

设动态系统的数学模型为

$$\begin{cases} X_{k+1} = \varphi X_k + \omega_k \\ Z_k = H X_k + v_k \end{cases}$$

式中，X 为系统的状态矢量；φ 是系统的状态转移矩阵；ω 是系统噪声，其协方差阵为 Q；Z 为观测矢量；v 为观测噪声，并设 R 为其协方差阵；设 H 为系统的观测矩阵。

采用最小方差估计方法根据测量值 Z 估计系统状态 X 的卡尔曼滤波器方程如下，它包括时间更新和测量更新两个过程。

时间更新过程：

$$\hat{X}_{k+1,k} = \varphi \hat{X}_{k,k}$$

$$P_{k+1,k} = \varphi P_{k,k} \varphi^T + Q_k$$

即根据本时刻的状态估计下一时刻的状态测量更新过程为

$$\hat{X}_{k,k} = \hat{X}_{k,k-1} + G_k [Z_k - H \hat{X}_{k,k-1}]$$

$$G_k = P_{k,k} H^T [H P_{k,k-1} H^T + R_k]^{-1}$$

$$P_{k,k} = (I - G_k H) P_{k,k-1}$$

式中，$\hat{X}$ 和 P 为产生的状态估计矢量和估计误差协方差阵。测量更新过程根据本次测量值和上次的一步预估值的差，对一步预估值进行修正，得到本次的估计值。卡尔曼滤波器实现数据融合的实质就是各传感器测量数据的加权平均，权值大小与其测量方差成反比。改变各传感器的方差值，相当于改变了各传感器的权值，从而得到一个更精确的估计结果。

(2)贝叶斯估计法。贝叶斯估计法是静态数据融合中常用的方法。其信息描述是概率分布，适用于具有加性高斯噪声的不确定信息处理。每一个源的信息均被表示为一概率密度函数，贝叶斯估计法利用设定的各种条件对融合信息进行优化处理，它使传感器信息依据概率原则进行组合，测量不确定性以条件概率表示。当传感器组的观测坐标一致时，可以用直接法对传感器测量数据进行融合。按大多数情况下，传感器是从不同的坐标系对同一环境物体进行描述的，这时传感器测量数据要以间接方式采用贝叶斯估计进行数据融合。

贝叶斯方法用于多传感器数据融合时，要求系统可能的决策相互独立。这样，可以将这些决策看做一个样本空间的划分。设系统可能的决策为 $A_1, A_2, \cdots, A_m$，当某一传感器对系统进行观测时，得到观测结果 B，如果能够利用系统的先验知识及该传感器的特性得到各先验概率 $P(A_i)$ 和条件概率 $P(B|A_i)$，则利用贝叶斯条件概率公式为

$$P(A_i|B) = \frac{P(A_iB)}{P(B)} = \frac{P(B|A_i)P(A_i)}{\sum\limits_{j=1}^{m} P(B|A_i)P(A_i)}, i = 1, 2, \cdots, m$$

根据传感器的先验概率 $P(A_i)$ 更新为后验概率 $P(A_i|B)$。这一结果推广到多个传感器的情况。当有 n 个传感器，观测结果分别为 $B_1, B_2, \cdots, B_n$ 时，假设它们之间相互独立且与被观测对象条件独立，则可以得到系统有 n 个传感器时的各决策总的后验概率，即

$$P(A_i|B_1 \wedge B_2 \wedge \cdots \wedge B_n) = \frac{\prod\limits_{k=1}^{n} P(B_k|A_i)P(A_i)}{\sum\limits_{j=1}^{m}\prod\limits_{k=1}^{n} P(B_k|A_j)P(A_j)},$$
$$i = 1, 2, \cdots, m$$

最后，系统的决策可由某些规则给出，如取具有最大后验概率的那条决策作为系统的最终决策。

（3）多贝叶斯估计法。多传感器对目标进行某一特性的提取，然后对这些特性所组成的环境进行模拟估算，从而得到最终

的合成信息。Durrant-whyte 将任务环境表示为不确定几何物体集合的多传感器模型,提出了多贝叶斯估计方法的传感器数据融合。该方法把每个传感器作为一个贝叶斯估计,将各单个传感器信息的联合概率分布组合成一个联合后验概率分布函数,通过使联合分布函数的似然函数最大,就可以求得多传感器信息的融合值。

(4)统计决策理论法。与多贝叶斯估计法不同,统计决策理论中的不确定性为可加噪声,从而不确定性的适应范围更广。不同传感器观测到的数据必须经过一个鲁棒综合测试,以检验数据的一致性,经过一致性检验的数据用鲁棒极值决策规则融合。

3.基于规则推理的方法

(1)D-S 证据理论。D-S 证据理论在前面已经简要介绍过,这里就不再赘述。

(2)产生式规则法。"产生式"这一术语是 1943 年由美国数学家 Post 首先提出的,他根据串替代规则提出了一种称为 Post 机的计算模型,模型中的每一条规则称为一个产生式。产生式规则法主要用于知识系统的目标识别,并象征性地表示出目标特征与相应传感器信息间的关系。产生式规则法中的规则一般要通过对具体使用的传感器的特性及环境特性进行分析后归纳出来,不具有一般性,即系统改换或增减传感器时,其规则要重新产生,所以这种方法的系统扩展性较差,但该方法推理较明了,易于系统解释,所以也有广泛应用。

(3)模糊集理论法。模糊集概念是 1965 年由 L. A. Zadeh 首先提出的。它的基本思想是把普通集合中的绝对隶属关系灵活化,使元素对集合的隶属度从原来只能取 $\{0,1\}$ 中的值扩充到可以取 $[0,1]$ 区间的任一数值,因此很适合用来对传感器信息的不确定性进行描述和处理。

模糊集理论进行数据融合的基本原理如下。

在论域 U 上的一个模糊集 A 可以用在单位区间 $[0,1]$ 上取值的隶属度函数 μ_A 表示，即

$$\mu_A : U \to [0,1]$$

对于任意 $u \in U$，$\mu_A(u)$ 称为 u 对于 A 的隶属度。

设 A,B 为论域上的模糊集合：

$$A = \{a_1, a_2, \cdots, a_m\}, \quad B = \{b_1, b_2, \cdots, b_m\}$$

A 与 B 上的模糊关系定义为笛卡儿积 $A \times B$ 的一个模糊子集。如果用隶属函数来表示模糊子集，模糊关系可用矩阵 $R_{A \times B}$ 表示：

$$R_{A \times B} = \begin{pmatrix} \mu_{11} & \mu_{12} & \cdots & \mu_{1n} \\ \mu_{21} & \mu_{22} & \cdots & \mu_{2n} \\ \vdots & \vdots & \ddots & \vdots \\ \mu_{m1} & \mu_{m2} & \cdots & \mu_{mn} \end{pmatrix}$$

其中 μ_{ij} 表示了二元组 (a_i, b_j) 隶属于该模糊关系的隶属度，满足 $0 \leqslant \mu_{ij} \leqslant 1$。

设 $X = \{x_1 \mid a_1, x_2 \mid a_2, \cdots, x_m \mid a_m\}$ 是论域 A 上的一个隶属函数，简单地用向量 $X = \{x_1, x_2, \cdots, x_m\}$ 来表示，则称向量 $Y = \{y_1, y_2, \cdots, y_m\}$ 是 X 经模糊变换所得的结果，它表示了论域 B 上的一个隶属函数。

$$Y = X \cdot R_{A \times B}$$
$$Y = \{y_1 \mid b_1, y_2 \mid b_2, \cdots, y_n \mid b_n\}$$

其中

$$y_i = \mathop{R}\limits_{k=1}^{m} \mu_{ki} \Theta x_k, \quad i = 1, 2, \cdots, n$$

R 与 Θ 表示两种运算，例如可取为下面两种形式。

①令 $R = \sum$，即加法运算；$\Theta = \times$，即乘法运算，则该变换公式为

$$y_i = \sum_{k=1}^{m} \mu_{ki} \times x_k, \quad i = 1, 2, \cdots, n$$

在具体融合时的物理意义是，各传感器对决策的隶属度与该

传感器观察值对决策 i 的支持度之积的和作为第 i 项决策总的可信度。

②令 $R = \max$，即求极大；$\Theta = \min$，即求极小，则该变换公式为

$$y_i = \max\{\min\{\mu_{ki}, x_k\}\}, i = 1, 2, \cdots, n$$

其物理意义是，在传感器的隶属度和观察值对决策 i 的支持程度之间取小者，再在 m 个传感器对应的小者之中取最大值作为 i 决策的总的可信度。[①]

（4）粗糙集理论。基于贝叶斯估计需要事先确定先验概率；基于 D-S 推理需要事先进行基本概率赋值；用神经网络进行数据融合存在样本集的选择问题；用模糊理论进行信息融合时，模糊规则不易确立，隶属度函数难以确定。当上述的融合方法需要的条件都无法满足时，采用基于粗糙集理论的融合方法可以解决这些问题。粗糙集理论是波兰华沙理工大学 Pawlak 教授在 1982 年提出的一种研究不完整数据和不确定性知识的强有力的数学工具，目前已经成为人工智能领域的一个新的学术热点，在知识获取、知识分析和决策分析等方面得到了广泛的应用，在数据融合技术中也有一定程度的应用，受到了国内外专家和科研人员的广泛关注。其优点是不需要预先给定检测对象的某些属性或特征的数学描述，而是直接从给定问题的知识分类出发，通过不可分辨关系和不可分辨类确定对象的知识约简，导出问题的决策规则。

粗糙集理论中把传感器每次采集的数据看成一个等价类，利用粗糙集理论中的化简、核和相容性等概念，对大量的传感器数据进行分析，去掉相同的信息，求出最小不变的核，找到对决策有用的信息，从而得到最快的融合算法。

---

① 陈敏，王擎，李军华等. 无线传感器网络原理与实践. 北京：化学工业出版社，2011：165－168

6.3　典型的数据融合算法

数据融合技术可以与传感器网络的多个协议层次进行结合。在应用层设计中,可以利用分布式数据库技术,对采集到的数据进行逐步筛选,达到融合的效果;在网络层,很多路由协议均结合了数据融合机制,以期减少数据传输。此外,还有研究者提出了独立于其他协议层的数据融合协议层 AIDA,通过减少 MAC 层的发送冲突和头部开销达到节省能量的目的,同时又不损失时间性能和信息的完整性。数据融合技术已经在目标跟踪、目标自动识别等领域得到了广泛的应用。在无线传感器网络的设计中,只有面向应用需求设计针对性强的数据融合方法,才能最大限度地获益。

6.3.1　应用层的数据融合

由于无线传感器网络具有以数据为中心的特点,应用层的设计需要考虑以下方面:

(1)应用层的用户接口需要对用户屏蔽底层的操作,用户不必了解数据具体是如何收集上来的,即使底层有了变换,用户也不必改变原来的操作习惯。

(2)应用层应该提供方便、灵活的多任务查询提交手段。

(3)应用层数据的提交形式应该便于进行网内计算,以减少通信量,从而减少能量消耗。

为了满足上述要求,分布式数据融合技术被应用于无线传感器网络的数据收集过程,应用层接口也采用类似 SQL 的风格。

1. TAG 算法

TAG(Tiny Aggregation)是位于应用层的数据融合算法,它的数据融合思想在无线传感器网络数据库系统 TinyDB 中得到了很好的实现和应用。TinyDB 是伯克利大学所开发的 TinyOS 的一个查询处理子系统。TinyDB 是一个居于高层的抽象,它将无线传感器网络看作是一个分布式的数据库,以数据为中心进行编程,为用户提供了简单的 Tiny-SQL 查询接口,并提供了可扩展的框架模型,TAG 是一个简单的查询内部的数据融合模型。在TAG 系统中整个查询处理分为两个阶段:查询分发阶段和数据收集阶段。在查询分发阶段,使用一个直接连接到工作站或基站的传感器节点作为汇聚节点,汇聚节点把 Tiny-SQL 语句表示的查询请求分发到整个网络中,并在分发查询请求的过程中建立起一棵用于传输数据的生成树。在数据收集阶段,每个节点将自己采集到的数据与从子节点中收集到的数据融合起来,将融合后的结果通过生成树发送给汇聚节点。

分布式数据库技术被应用于无线传感器网络的数据收集过程中,应用层接口也采用类似 SQL 的风格。在无线传感器网络应用中,SQL 融合操作一般包括 5 个基本的操作符:COUNT、MIN、MAX、SUM 和 AVERAGE。与传统的数据库 SQL 应用类似,COUNT 用于计算一个集合中元素的个数;MIN 和 MAX 分别计算最小值和最大值;SUM 计算所有数值的和;AVERAGE 计算所有数值的平均数。

Tiny-SQL 是对 SQL 进行必要的简化和改进之后所形成的适用于无线传感器网络的查询接口。对于不同的传感器网络应用可以扩展不同的操作符来增强查询和融合的能力。例如可以加入 GROUP 和 HAVING 两个常用的操作符,或者一些比较复杂的统计运算符,如直方图等。GROUP 可以根据某一个属性将数据分组,即可以返回一组数据,而不是只返回一个数值。HAV-

ING 用于对参与运算的数据的属性值进行限制。

这样的一个查询请求与平时使用的 SQL 语句基本类似,不过在 Tiny-SQL 中增加了 GROUP BY 语句和 EPOCH DURATION 语句,这主要是针对无线传感器网络中的请求一般都要求传感器节点以给定的频率向汇聚节点发送数据的特点所做的调整。

2.应用示例

一个典型的查询请求如下所示(查询第 6 层房间中温度超过 25℃的房间号及其最高温度,查询执行周期是 30s)。

SELECT Room,MAX(temp) FROM Sensors

WHERE Floor＝6

GROUP BY Room

HAVING AVERAGE(Temp)＞25

EPOCH DURATION 30s

假设 6 层楼有 4 个房间,601 房间有编号为 1、2、3 的传感器,602 房间有编号为 4、5 的传感器,603 房间有编号为 6、7 的传感器,604 房间有编号为 8、9、10 的传感器。假设所有节点都已经通过某种方式(例如简单的扩散)知道了查询请求,并且各节点的数据传输路径已经通过某种路由算法确定,如图 6-2 所示。

简单的数据融合假设如下:各个节点都首先检查自己的数据是否符合查询条件,以决定是否发送数据;各节点在接收到其他节点发送来的数据后,进行本地计算,再向上游节点提交;如果在规定时间内没有收到数据,则认为自邻居以下节点没有需要提交的数据。因为 1～5 号节点及 8、10 号节点的温度值不超过 25 度,所以不会发送数据。7 号节点将结果传送给 6 号节点,6 号节点通过本地融合,将两者之间比较大的数据发送给汇聚节点,共传送了 2 个数据包;9 号节点将自己的计算结果传送给 7 号节点,7 号节点接收到数据后进行本地计算,将最大值再次发送给 6 号

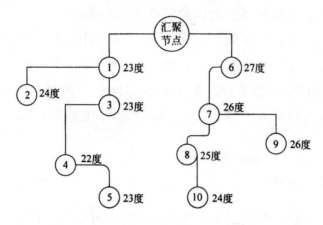

图 6-2　根据类 SQL 语言进行网内处理的示例

节点;6 号节点更新 7 号节点发送来的计算结果后,发送给汇聚节点;汇聚节点等待一段时间确信没有其他数据需要接收后,将查询结果提交,数据收集过程结束。

如果将一组(Room,Temp)值看作一份数据,那么在网内共传送了 5 份数据;假如不使用任何数据融合手段,而让节点单独发送数据到汇聚节点,由汇聚节点集中计算结果,则网络需要传送 25 份数据。

6.3.2　网络层的数据融合

当数据融合同网络层相结合时,最关键的地方在于路由方式的选取。根据加入数据融合与否,路由分为以地址为中心的路由(Address-Centric Routing,AC 路由)和以数据为中心的路由(Data-Centric Routing,DC 路由)两种方式。如图 6-3 所示,AC 路由追求的是信息传递路径最短,对于数据融合的考虑基本没有,信息源采到数据之前其传输路由就已经形成,而这一路由是全局的最短路径或最优的逼近。另一种方式中,DC 路由在数据转发的路途中,节点会依据其内容,对来自多源的数据进行融合,源节点没有形成最短路径,而是在 B 处经融合后再发送。

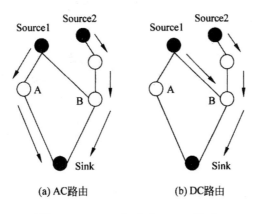

(a) AC路由　　　　(b) DC路由

图 6-3　AC 路由与 DC 路由

在以能量消耗作为衡量标准的前提下,AC 路由与 DC 路由的表现同数据间的相关性有较大关系。当原始数据的相关性较大时,减少传输数据量的 DC 路由可以良好地节约能源。但是,数据的相关性较小时,AC 路由的最短路径最省能耗,在传输路程不优的同时,集合了数据,增加了节点发送的负担,并且融合消耗计算能力,DC 路由将会带来延迟、个别节点过早死亡、能耗较大等结果。

第7章 无线传感器网络的安全技术

对于许多传感器网络应用，安全是非常关键的。有些传感器网络应用不仅要面对苛刻的环境，而且还要面对主动、智能的对手，因此战场上的传感器网络需要具有抗定位、破坏、颠覆的能力。在其他场合，安全需求虽然不明显，但确实需要。

（1）灾难。对于人员伤亡的地点和情况，特别是对于跟正在进行的恐怖分子活动有关的不幸事件（而不是自然灾害），可能有必要预防未得到授权而进行的揭发和报道。

（2）公共安全。有关化学、生物、环境威胁的虚假警报可能会引起惊慌，甚至对报警系统的冷漠。对这种系统的攻击可能先于对手保护资源的真正攻击。

（3）家庭健康。因为保护秘密非常重要，所以只有获得授权的用户才能够查询或者监视传感器网络。传感器网络也可以构成事故-通知链的主要数据，因此必须受到保护，不能出现故障，甚至失效。

协议、软件在开始设计时就应该考虑其安全，特别是关于抗网络有效性攻击的安全是必须考虑的。以后试图增加安全功能不方便，且经常是不成功的。

7.1　概述

7.1.1　无线传感器网络的安全威胁模型

在无线传感器网络中,通常假定攻击者可能知道传感器网络中使用的安全机制,能够危及某个传感器节点的安全,甚至能够捕获某个传感器节点。因为布置具有抗篡改能力的传感器节点成本高,所以认为大多数无线传感器网络节点没有抗篡改能力。一旦一个节点存在安全威胁,那么攻击者可以窃取这个节点内的密钥。无线传感器网络中的中心节点通常认为是可信的。

传感器网络的攻击分成以下几类型:

(1)外部攻击与内部攻击。外部攻击定义为来自本无线传感器网络之外的节点的攻击;当无线传感器网络的合法节点进行无意识操作或者未授权操作时,即发生内部攻击。

(2)被动攻击与主动攻击。被动攻击包括偷听、监视无线传感器网络内交换的分组;主动攻击涉及对数据流的某种程度修改、创建虚假数据流。

(3)传感器类攻击与微型计算机类攻击。在传感器类攻击中,攻击者使用少数几个与无线传感器网络网络节点能力类似的节点攻击这个 WSN;在微型计算机类攻击中,攻击者采用较强装置(比如微型计算机)攻击 WSN,这种攻击装置传输距离更远、处理能力更强、存储能量更多(相对于 WSN 网络节点)。

7.1.2　无线传感器网络安全面临的障碍

无线传感器网络是一种特殊类型的网络,其约束条件很多

（相对于传统计算机网络）。这些约束条件导致很难将现有的安全技术应用到无线传感器网络中。下面分析无线传感器网络的约束条件。

1.资源极其有限

所有的安全协议和安全技术都需要依靠一定的资源来实现，包括数据存储器、程序代码存储器、能量以及带宽。但是，目前无线微型传感器中的这些资源极其有限。

（1）存储器容量限制。传感器节点是微型装置，只有少量存储器用于存储代码。为了建立有效安全机制，有必要限制安全算法的实现代码长度。例如一个 Mica 传感器节点只有 128KB 的代码存储容量，4KB 的数据存储容量。TinyOS 代码约占 4KB。因此，所有安全实现代码必须很小。①

（2）能量限制。能量是无线传感器能力的最大约束因素。通常依靠电池供电的传感器节点一旦布置在一个传感器网络中后就不容易被替换（工作成本很高），也不容易重新充电（传感器成本高），因此必须节省电池能量，延长各个传感器节点的寿命，从而延长整个传感器网络的寿命。在传感器节点上实现一个加密函数或者协议时，必须考虑所增加的安全代码对能量的影响。给传感器节点增加安全能力时，必须考虑这种安全能力对节点寿命（即电池工作寿命）的影响。节点安全能力引起的能耗包括所要求的安全功能（如加密、解密、数据签名、签名验证）的处理能耗、有关安全数据和开销（如加密/解密所需要的初始化矢量）的发送能耗、采用安全方式存储安全参数的能耗（如加密密钥的存储）。

2.不可靠通信

不可靠通信无疑是无线传感器网络安全的另一个威胁。无

---

① 陈林星.无线传感器网络技术与应用.北京:电子工业出版社,2009:300－302

线传感器网络安全密切依赖所定义的协议,而协议又依赖通信。

(1)不可靠传输。传感器网络的分组传输路由是无连接路由的,因此不可靠。信道误码、高拥塞节点的分组丢失可能损坏分组,结果导致分组丢失。不可靠的无线通信信道也会损坏分组。高信道误码率迫使软件开发人员利用一些网络资源来处理误码。假如协议没有合适的误码处理能力,那么有可能丢失关键的安全分组(如加密密钥)。

(2)碰撞。即使信道可靠,通信也仍然可能不可靠,其原因在于无线传感器网络的广播特性。假如分组在传输途中遇到碰撞,那么分组传输失败。在高密度传感器网络中,碰撞是一个主要问题。

(3)时延。多跳路由、网络拥塞、节点处理会引起较大的网络时延,因此实现传感器节点之间的同步很困难。同步问题对传感器安全很关键:安全机制依赖关键事件报告和加密密钥分组。

3. 网络操作无人照看

依据具体传感器网络的特定功能,传感器节点可能长时间处于无人照看状态。对于无人照看传感器节点存在以下三个主要威胁。

(1)暴露在物理攻击之下。传感器节点可能布置在对攻击者开放、恶劣气候等环境中。

这种环境中的传感器节点遭受物理攻击的可能性比典型 PC(安置在一个安全地点,主要面临来自网络的攻击)要高得多。

(2)远程管理。传感器网络的远程管理实质上不可能检测出物理篡改、进行物理维护(如替换电池)。最典型的例子是用于远程侦查的传感器节点(布置在敌方边界之后)可能失去与友方部队的联系。

(3)缺乏中心管理点。一个无线传感器网络应该是一个分布式网络,没有中心管理点,这会提高无线传感器网络的生命力。

但是,假如设计不合理,会导致网络组织困难、低效、脆弱。

传感器节点无人照看时间越长,受到攻击者安全攻击的可能性就越大。

7.1.3 无线传感器网络的安全要求

无线传感器网络安全服务的目标就是防止信息和网络资源受到攻击和发生异常。

1. 数据机密性

数据机密性是网络安全中最重要的内容。每个网络的任何安全重点通常首先就是解决数据机密性问题。在无线传感器网络中,一个传感器网络不应该将其传感器感知数据泄漏给邻近网络,特别是在军事应用中,传感器节点存储的数据可能高度敏感。在很多无线传感器网络应用中(如密钥分发),节点发送高度敏感数据,因此在无线传感器网络中建立安全信道尤其重要。公用传感器信息(如传感器节点身份识别码 ID、公共密钥等)也应该被加密,在一定程度上防止流量分析攻击。

保持敏感数据秘密的标准方法是采用秘密密钥加密敏感数据,只有预定接收节点才有秘密密钥,因此可以实现机密性。对于给定通信模式建立节点与中心节点之间的安全信道以及独立完成随后必需的其他安全信道。

2. 数据完整性

实现数据机密性后,攻击者不能窃取信息,但是并不意味着数据就是安全的。攻击者能够修改数据,使无线传感器网络进入混乱状态。例如,恶意节点可以在分组中添加一些数据分片或者篡改分组中的数据,然后将改变后的分组发送给原始接收节点。即使不存在恶意节点,但因为通信环境条件恶劣,所以仍然会发生数据丢失或者数据受损。因此在通信中,数据完整性确保接收节点所接收数据在传输途中不会被攻击者篡改。SPIN 采用数据认证来实现数据完整性。

3. 数据新鲜度

即使能够保证数据机密性和数据完整性,但是仍然必须确保每条消息的新鲜度。数据新鲜度意味着数据是最近的,确保不是攻击者重放的旧消息。当采用共享密钥策略时,这个要求尤其重要,通常共享密钥必须随时改变。但是,将新的共享密钥传播给整个网络需要一定时间。此时,攻击者很容易进行重放攻击。假如传感器节点意识不到随时改变新密钥,那么传感器节点的正常工作很容易破坏。为了解决这个问题,可以在分组中添加一个随机数或者跟时间有关的计数器,确保数据新鲜度。

SPIN 识别两种类型的新鲜度:弱新鲜度——提供局部消息排序,但是不承载时延信息;强新鲜度——提供全部请求—响应对的排序,允许时延估计。弱新鲜度用于传感器感知数据,强新鲜度用于网内时间同步。

4. 认证

消息认证对很多传感器网络应用(例如网络重新编程、控制传感器节点占空因数之类的管理任务)都非常重要。攻击者并不局限于修改数据分组,还能够通过注入额外分组而改变整个分组流,所以接收节点必须确保决策过程中使用的数据来自正确的可信任源节点。接收节点通过数据认证验证数据确实是所要求的发送节点发送的。

对于点对点通信,可以采用完全对称机制实现数据认证。发送节点和接收节点共享一个秘密密钥,秘密密钥用于计算所有通信数据的消息认证码(Message Authentication Code,MAC)。接收节点接收到一条具有正确消息认证码的消息时,就知道这条消息必定是与其通信的那个合法发送节点发送的。

在广播环境中不能对网络节点作出较高的信任假设,因此这种认证技术不适用于广播环境。假如一个发送节点需要给互不信任的接收节点发送消息,那么使用一个对称消息认证码是不安全的:其中任何一个不信任接收节点只要知道这个对称消息认证码,就可以扮演成这个发送节点,伪造发送给其他接收节点的消息。因此,需要非对称机制来实现广播认证。

5.可用性

调整、修改传统加密算法而使其适用于无线传感器网络不方便,而且会引入额外开销。或者修改代码,使其尽可能重复使用;或者采用额外通信实现相同目标;或者强行限制数据访问,这些方法都会弱化传感器和传感器网络的可用性,理由如下:

(1)额外计算消耗额外能量,如果不再有能量,数据则不再可用。

(2)额外通信也消耗较多能量,而且,通信增加,通信碰撞概率随着增大。

(3)假如使用中心控制方案,那么会发生单点失效问题,由此极大地威胁网络可用性。

可用性安全要求不仅影响网络操作,而且对于维护整个网络的可用性非常重要。可用性确保:即使存在 QoS 攻击,所需网络服务仍然可用。

6.自组织

无线传感器网络一般是 Ad Hoc 网络,要求每个传感器节点具有足够的独立性和灵活性,能够按照不同情况进行自组织、自愈。网络中不存在固定基础设施用于网络管理。这个固有特征给无线传感器网络安全带来一个极大的挑战。例如,整个网络的动态性导致无法预先配置中心节点与所有传感器节点共享的密钥。于是提出了若干种随机密钥预分配方案。如果在传感器网络中采用公共密钥加密技术,则必须具有公共密钥高效分发机制。分布式传感器网络必须能够自组织,支持多跳路由和密钥管理,建立传感器节点之间的信任。假如传感器网络自组织能力不足或者缺乏自组织能力,那么攻击者甚至危险环境造成的网络受损都可能是毁灭性的。

7.时间同步

大多数传感器网络应用依靠某种形式的时间同步。为了节省能量,各个传感器定期关闭其电台。传感器节点需要计算分组在两个通信节点对之间的端到端时延。联合协作性传感器网络用于跟踪应用时,可能需要节点组同步。

8.安全定位

一个传感器网络的效用常常依赖于每个网络节点精确而自动的节点定位能力。故障定位传感器网络需要精确的位置信息才能够查明故障的位置。但是,攻击者很容易操控不安全的位置信息,如报告虚假信号强度和重放信号等。

9.其他安全要求

授权:授权确保只有得到授权的传感器节点才能够参与对网络服务的信息提供。

认可:认可表示节点不能拒绝发送其以前已经发送过的消息。

在无线传感器网络中,在网络运行过程中发生传感器节点失效问题、布置新的传感器节点是很常见的,因此应该考虑前向保密要求和后向保密要求。

前向保密:一个传感器节点退网后应该不能再读取网络中随后的任何消息。

后向保密:入网节点应该不能读取网络中此前已经发送过的任何消息。

7.1.4 无线传感器网络安全解决方案的评估

使用一些性能指标和能力来评估一个无线传感器网络安全解决方案,具体如下:

(1)安全。安全解决方案必须满足无线传感器网络的安全要求。

(2)弹性。当少数几个节点存在安全威胁时,安全解决方案应该能够继续防止攻击。

(3)能量效率。安全解决方案必须是能量高效的,才能够达到最大的节点寿命和网络寿命。

(4)灵活性。要求密钥管理灵活,适用于各种不同的网络布置方法,如随机的节点扩散、预先确定的节点布置。

(5)可扩展性。安全解决方案具有可扩展能力,不会对安全要求造成不利影响。

(6)容错能力。在发生故障(如节点失效)时,安全解决方案应该继续提供安全服务。

(7)自愈能力。传感器节点可能失效或者耗尽其能量,剩余传感器节点可能需要重组,继续维持一定程度的安全。

(8)保证(Assurance)。保证是按照不同安全等级给端用户分发信息的能力,安全解决方案应该提供有关所需的可靠性、时延等选择。

7.2 安全攻击

无线传感器网络易受各种攻击。根据无线传感器网络的安

全要求,对无线传感器网络的攻击归类如下:

（1）对秘密和认证的攻击:标准加密技术能够保护通信信道的秘密和认证,使其免受外部攻击(比如偷听、分组重放攻击、分组篡改、分组哄骗)。

（2）对网络有效性的攻击:对网络有效性的攻击常常称为拒绝服务(Denial of Service,DoS)攻击,可以针对传感器网络任意协议层进行 DoS 攻击。

（3）对服务完整性的秘密攻击:在秘密攻击中,攻击者的目的是使传感器网络接收虚假数据,例如攻击者威胁一个传感器节点的安全,并通过这个节点向网络注入虚假数据。

在这些攻击中,使传感器网络继续发挥其预定作用是必要的。DoS 攻击通常就是攻击者针对网络进行的破坏、扰乱、毁灭。一种 DoS 攻击可以是削弱或者消除网络执行其预定功能的能力的任何事件。因为能够针对传感器网络任意协议层进行 DoS 攻击,所以层次化体系结构使得无线传感器网络在面对 DoS 攻击时很脆弱。下面按照无线传感器网络协议层次结构分析无线传感器网络的安全攻击。

7.2.1　物理层安全攻击

物理层负责频率选择、载波频率生成、信号检测、调制/解调、数据加密/解密。传感器网络是 Ad Hoc 大规模网络,主要采用无线通信,无线传输媒介是开放式媒介,因此在无线传感器网络中有可能存在人为干扰。对于布置在敌方环境或者不安全环境中的无线传感器网络节点,攻击者很容易进行物理访问。

1. 人为干扰

对无线通信的一种众所周知的攻击就是采用干扰台干扰网络节点的工作频率。一个干扰源只要功率足够大,就能够破坏整个无线传感器网络；如果功率比较低，只能破坏网络中的一个较小区域。即使采用功率较低的干扰源，假如干扰源随机分布在网络中，那么攻击者仍然有可能破坏整个网络。攻击者使用 k 个随机分布的干扰节点就能够破坏整个网络，使 N 个节点处于服务之外，k 比 N 小得多。对于单个频率的网络，这种攻击既简单又有效。

抗人为干扰的典型技术就是采用各种扩频通信技术（如跳频、码扩）。跳频扩频（Frequency Hopping Spread Spectrum，FHSS）就是发送信号时使用发射机和接收机均知道的伪随机序列在许多频率之间迅速切换载波频率。攻击者如果不能跟踪频率选择序列，则不能及时干扰给定时刻的工作频率。但是，因为工作频率范围是有限的，所以攻击者可以干扰工作频带的很大一部分甚至整个工作频带。

码扩是用来对抗人为干扰的另一种技术，通常用于移动网络中。码扩设计复杂性较高，能量需求也较高，从而限制了其在无线传感器网络中的应用。一般地，为了维护低成本和低功耗要求，传感器装置采用单频率工作，因此极易受人工干扰攻击。

假如攻击者持久性采用干扰台干扰整个网络，那么就会得到有效而完整的 DoS 效果。因此，传感器节点应该具有对抗人工干扰的策略，比如切换到较低占空因数，尽量节省能量。节点周期性苏醒，检查人工干扰是否已经结束。传感器节点通过节省能量可能能够承受得住攻击者的人工干扰，此后攻击者必须以更高的成本进行人工干扰。

假如人工干扰是断断续续的干扰，那么传感器节点可以采用高功率给中心节点发送几条高优先级的消息，将人工干扰报告给中心节点。各个传感器节点应该相互协作，共同努力将这些消息交付给中心节点。传感器节点也可以不定期地缓存高优先级消息，等待在人工干扰间隙将其中继给其他传感器节点。

对于大规模无线传感器网络，攻击者要成功干扰整个网络比较困难;假如进行干扰的只是被攻击者攻克的原网络节点,那么要成功干扰整个网络就更加困难。

2. 物理篡改

攻击者也可以从物理上篡改无线传感器网络节点、询问和危害无线传感器网络节点,这些是导致大规模、Ad Hoc、普遍性的无线传感器网络不断恶化的安全威胁。实际上,实施对分布在数千米范围内的几百个传感器节点的访问控制是极困难的,甚至是不可能的。无线传感器网络不仅要承受武力破坏,而且还要承受较复杂的分析攻击。攻击者可以毁坏无线传感器网络节点,使其丧失正常工作能力;可以替换无线传感器网络节点中的关键组件(如传感器硬件、计算硬件,甚至软件),将无线传感器网络节点变成失密节点,从而对其实现掌控;也可以提取无线传感器网络节点中的敏感组件(如加密密钥),以便能够自由访问高层通信。可能无法区分节点被毁、节点故障静默这两种情形。

物理篡改的一种对抗措施是篡改验证节点的物理层分组。这种对抗措施的成功依赖于:①无线传感器网络设计者在设计无线传感器网络时就精确、完整地考虑可能存在的物理安全威胁;②可用于设计、结构、测试的有效资源;③攻击者的智慧高低和果断程度。但是,这种对抗措施通常假定在无线传感器网络中,由于额外的成本开销,传感器节点是不能篡改验证的。这就意味着安全机制必须考虑传感器节点被危害的情形。

7.2.2　链路层安全攻击

MAC 层为相邻节点到相邻节点的通信提供信道仲裁。基于载波侦听的协作性 MAC 协议特别易受 DoS 攻击。

1.碰撞

攻击者只需要发送一个字节就可能产生碰撞,从而损坏整个分组。分组中的数据部分发生变化,则在接收方不能通过校验和检验。ACK 控制消息被损坏会引起有些 MAC 协议退避时间呈指数递增。除了旁听信道发送之外,攻击者需要的能量极少。

采用差错纠错机制能够容忍消息在任意协议层次上遇到不同程度的损伤。差错纠错编码本身存在额外的处理开销和通信开销。对于一个给定的差错纠错编码,恶意节点仍然能够使其损坏的分组多于网络能够纠正的分组,但是开销较高。

网络可以采用碰撞检测技术来识别恶意碰撞,恶意碰撞会产生一种链路层人为干扰,但是迄今为止还没有彻底有效的防护措施和技术。正当发送仍然需要节点之间的相互协作,以期避免互相损坏对方发送的分组。一个被攻击者彻底颠覆的节点能够故意、反复拒绝信道访问,而其能耗比全时段人工干扰低得多。

2.能量消耗

链路层可能采用反复重传技术。即使被一个异常延迟的碰撞(如在本帧即将结束时引起的碰撞)所触发的时候,也可能会进行重传。这种主动 DoS 攻击会耗尽附近节点的电池储能,危害网络的可用性(即使攻击者不再进行攻击)。随机退避只能降低无意碰撞概率,却不能防止这种攻击。

时分复接给每个节点分配一个发送时隙,不需要为发送每个帧而进行信道访问仲裁。这种方法能够解决退避算法中的不确定性延迟问题,但是仍然易受碰撞攻击。

可以利用大多数 MAC 协议的交互式特性进行询问攻击。例如,基于 IEEE 802.11 的 MAC 协议采用 RTS/CTS/DATA/ACK 交互方式预留信道访问和发送数据,因此节点可以反复利用 RTS 请求信道访问,得到目标相邻节点的 CTS 响应。持续发送最终耗尽发送节点和目标相邻节点的能量资源。

一种解决方法是限制 MAC 准入控制速率,网络不予理睬过多信道访问请求,不进行能耗甚高的无线发送。这种限制策略不会使准入速率下降到网络所能支持的最大数据速率以下(但是会发生这种情况)。防止电池能量消耗攻击的一个策略是限制无关紧要的、却是 MAC 协议所需要的响应。为了提高总体效率,设计人员常常在系统中实现这种能力,但是处理攻击的软件代码需要额外逻辑。

3. 不公平性

不公平性是一种较弱形式的 DoS 攻击。断断续续地运用碰撞攻击和电池能量消耗攻击,或者滥用协作性 MAC 层优先权机制会引起不公平性。这种安全威胁尽管不能完全阻止合法的信道访问,但是会降低服务质量,如导致实时 MAC 协议的用户发生时间错位。

一种对付不公平性攻击的方法是采用短帧结构,因此每个节点占用信道的时间较短。但是,假如网络经常发送长消息,那么这种方法导致成帧开销上升。在竞争信道访问时,攻击者采取欺骗手段很容易突破这种防护措施:攻击者迅速作出响应,而其他节点则随机延迟其响应。

7.2.3　对网络层(路由)的攻击

因为无线传感器网络常常依靠电池供电,而电池能量非常有限,所以许多传感器网络路由协议设计得很简单,节省能量,使节点寿命、网络寿命达到最大,因此有时易受攻击。各种 WSN 网络层攻击的主要差异表现在是试图直接操作用户数据的攻击还是试图影响低层路由拓扑的攻击。针对无线传感器网络进行的网络层攻击分成以下几类:对路由信息的哄骗、篡改、重放;选择性转发；污水池攻击；女巫攻击；蠕虫攻击；hello 泛洪攻击；确认哄骗。下面分别加以分析。

1.对路由信息的哄骗、篡改、重放

针对路由协议最直接的攻击就是以节点之间交换的路由信息为目标进行攻击。攻击者通过对路由信息的哄骗、篡改、重放，能够创建路由闭环、吸引或者抵制网络流量、延长或者缩短源路由、产生虚假错误消息、分割网络、增大端到端时延等。

2.选择性转发

多跳网络常常假定参与节点安全、正确地转发所收消息。在选择性转发攻击中，攻击者可能拒绝转发某些消息，简单地将这些消息丢掉，确保这些消息不会进一步传播。当恶意节点的表现类似黑洞、拒绝转发通过其传递的每个分组时，就是这种简单形式的选择性转发攻击。攻击者采用这种形式攻击存在风险：因为接收不到攻击者节点发送的消息，所以相邻节点将会认为攻击者节点已经失效，因而决定寻找另一条路由。另外一种表现形式稍有不同的选择性转发攻击是：攻击者选择性地转发分组，其兴趣在于抑制或者篡改若干个精选节点产生的分组，但是仍然可靠转发其余流量分组，从而降低了其攻击行为被怀疑的可能性。

当攻击者直接处在数据流传输路由上时，选择性转发攻击通常是非常有效的。攻击者旁听通过相邻节点的数据流量，因此通过人为干扰或者碰撞其感兴趣的每个转发分组就能够模仿选择性转发。这种攻击机制需要高超技巧，因此很难施行这种攻击。例如，如果网络中每个相邻节点对使用唯一一个密钥初始化跳频通信或者扩频通信，那么攻击者要施行这种攻击极其困难。因此，攻击者很可能沿着抗攻击能力最弱的路径，并且尽量包含自身的数据流实际传输路径进行选择性转发攻击。

3.污水池攻击

在污水池攻击中,攻击者的目的是引诱来自某个特定区域的附近所有流量通过一个失密节点,从而产生一个比喻性的污水池,中心位置就是攻击者。因为分组传输路径上的节点及其附近的节点有很多机会篡改应用数据,所以污水池攻击能够同时伴随许多其他攻击(如选择性转发攻击)。

污水池攻击的工作原理是使失密节点对路由算法和周围节点看上去很有吸引力。例如,攻击者可以哄骗或者重放到达中心节点的极高质量路由广播消息。有些路由协议可能会采用端到端应答(包含可靠性、时延信息)真正验证路由的质量。此时,微型计算机类攻击者采用大功率发射机直接对中心节点发送(发射功率足够高,单跳可达)或者采用蠕虫攻击,就能够提供到达中心节点的真正高质量路由。因为存在通过失密节点的真正或者虚假高质量路由,所以攻击者的每个相邻节点很可能将传递给中心节点的分组转发给攻击者,并且又将这种高质量路由信息传播给自己的相邻节点。攻击者由此有效创建一个巨大的"影响球",吸引传递给中心节点的所有数据流(来自离失密节点数个转发跳远的节点)。

进行污水池攻击的一个动机是为了进行选择性转发攻击。攻击者通过确保特定目标区域的所有数据流传递通过失密节点,就能够选择性抑制或者篡改来自该区域任意节点的分组。

传感器网络特别易受污水池攻击的原因在于其特殊的通信模式。因为所有分组的最终目的节点只有一个中心节点(在只有一个中心节点的无线传感器网络中),所以失密节点只需要提供单跳可达中心节点的高质量路由就有可能影响大量传感器节点。

4.女巫攻击

女巫攻击是指一个恶意装置非法占用多个网络身份。将一个恶意装置的额外身份称为女巫节点。女巫攻击会大幅度地降低路由协议、拓扑维护中的容错功效。认为使用不相交节点的各条路由实际上包含冒充多个身份的那个攻击者节点。

一个女巫节点可以采取以下方法获取身份：一种方法是伪造一个新的身份。在有些情况下，攻击者可以简单任意地产生新的女巫身份，例如，假如使用一个 32bit 的整数表示每个节点的身份，那么攻击者可以给每个女巫节点分配一个随机 32bit 的整数。另外一种获取身份的方法是窃取某个合法节点的身份。给定一个合法节点身份识别机制，那么攻击者可能无法伪造新的身份。此时攻击者需要将其他合法节点的身份分配给女巫节点。假如攻击者摧毁了假扮节点或者使假扮节点临时性失效，那么可能无法察觉这种身份窃取行为。

女巫节点直接与合法节点通信。当一个合法节点给一个女巫节点发送一条消息时，其中一个恶意装置在无线信道上侦听此消息。女巫节点发送的消息实际上是其中一个恶意节点发送的。假如合法节点不能与女巫节点直接通信，那么其中一个或者多个恶意装置声明能够到达女巫节点。女巫节点发送的消息通过其中一个恶意节点传递，后者假装将消息传递给女巫节点。

女巫攻击对地理路由协议威胁极大。位置意识路由为了高效地利用地理路由传递分组，一般要求节点与其相邻节点交换位置坐标信息。攻击者运用女巫攻击就能够"立即出现在多个地点"。[①]

5.蠕虫攻击

一条蠕虫就是一条连接两个网络子区域的低时延链路，攻击者在这条链路上中继网络消息。蠕虫可以由单个节点创建，即该节点位于两个相邻或者不相邻节点之间，转发其间的消息；也可

---

① 陈林星.无线传感器网络技术与应用.北京:电子工业出版社,2009:306－307

以由一对节点创建,即这两个节点分别位于两个不同的网络子区域,并且相互进行通信。

在蠕虫攻击中,攻击者接收到某个网络子区域的消息,然后沿着低时延链路(蠕虫)将这些消息重放到网络其他区域中。特别是在同一个通信节点对之间,通过蠕虫发送的分组传输时延小于采用正常多跳路由时的分组传输时延。最简单的蠕虫攻击就是一个节点位于另外两个节点之间,转发这两个节点之间的消息。但是,蠕虫攻击通常涉及两个相距较远的恶意节点,这两个恶意节点共同有意低估相互之间的距离,沿着只有攻击者才能够使用的带外信道中继分组。

假如攻击者离中心节点较近,那么攻击者通过精心设计和布置的蠕虫就有可能彻底破坏路由。攻击者可能使离中心节点数个转发跳远的节点相信通过蠕虫只有一跳或者两跳远。这就能够产生污水池:处在蠕虫另一边的攻击者能够提供到达中心节点的虚假高质量路由,要是备用路由没有竞争力,那么附近区域中的所有流量有可能通过蠕虫传递,当蠕虫的端点离中心节点相对较远时就很可能总是如此。

较一般的情况是蠕虫可以充分利用路由竞争条件。当一个节点根据其接收的第一条消息而忽略随后消息采用某种操作时通常就会出现路由竞争条件。在这种情况下,要是攻击者能够使节点在多跳路由正常到达时间前接收某种路由信息,那么攻击者就能够影响最后得到的拓扑。蠕虫正是这样实现的,即使路由信息被加密和需要认证,蠕虫也仍然有效。蠕虫通过中继两个相距甚远节点之间的分组使这两个节点相信是相邻节点。

蠕虫攻击很可能与选择性转发或者偷听一起使用。当蠕虫攻击与女巫攻击一起使用时,可能很难检测蠕虫攻击。

6. hello 泛洪攻击

hello 泛洪攻击就是攻击者利用无线传感器网络路由协议中

使用的 hello 消息进行的攻击。很多无线传感器网络路由协议要求节点广播 hello 消息,以向其相邻节点声明自己的存在和广播自己的一些信息(如身份、地理位置)。接收到 hello 消息的节点则可假定自己处在该 hello 消息发送节点的覆盖范围内。这个假设条件有可能是虚假的,如微型计算机类的攻击者采用足够大发射功率广播路由或者其他信息,就能够使网络中每个节点相信攻击者就是其相邻节点。

攻击者给每个网络节点广播到达中心节点的质量极高的路由,这样就可能使大量节点使用这条路由,但是离攻击者甚远的所有那些节点发送的分组就会被湮没,从而导致网络处于混乱状态。节点认识到到达攻击者的这条链路是虚假链路后几乎没有什么可选择的处理办法:其所有相邻节点都可能将分组转发给攻击者。那些依靠相邻节点间位置信息交换来维护网络拓扑或者进行流量控制的协议也易受 hello 泛洪攻击。

攻击者进行 hello 泛洪攻击时不必建立合法分组流。攻击者只需采用足够大的发射功率重复广播开销分组,使每个网络节点能够接收到这个广播。也可以认为 hello 泛洪是单方广播蠕虫。

"泛洪"经常用来表示一条消息在多跳拓扑上迅速传播给每个网络节点。但是 hello 泛洪攻击采用单跳广播将一条消息发送给大量接收节点,所以两者之间是有差别的。

7. 确认哄骗

有些无线传感器网络路由协议依靠间接或者直接的链路层应答。因为无线传感器网络传输媒介的固有广播特性,所以攻击者可以旁听传递给相邻节点的分组,并对其做出链路层哄骗应答。应答哄骗的目的包括使发送节点相信一条质量差的链路是一条质量高的链路、一个失效节点或者被毁节点是一个活动节点。例如,路由协议可以运用链路可靠性选择传输路径的下一个转发跳。在应答哄骗攻击中,攻击者故意强迫使用一条质量差链

路或者一条失效的链路。因为沿着质量差或者失效链路传递的
分组将会丢失,所以攻击者运用应答哄骗能够有效地进行选择性
转发攻击,鼓励目标节点在质量差或者失效链路上发送分组。

7.2.4　对传输层的攻击

传输层负责管理端到端连接。传输层提供的连接管理服务
可以是简单的区域到区域的不可靠任意组播传输,也可以是复
杂、高开销的可靠按序多目标字节流。无线传感器网络一般采用
简单协议,使应答和重传的通信开销最低。无线传感器网络的传
输层可能存在两种攻击:泛洪和去同步。

1.泛洪

要求在连接端点维护状态的传输协议易受泛洪攻击,泛洪攻
击会引起传感器节点存储容量被耗尽的问题。攻击者不断反复
提出新的连接请求,直到每个连接所需的资源被耗尽或者达到连
接最大限制条件为止。此后,合法节点的连接请求被忽略。假如
攻击者没有无穷资源,那么这是不可能的:攻击者建立新连接的
速度快到足以在服务节点上产生资源饥饿问题。

2.去同步

去同步就是指打断一个既存的连接。例如,攻击者反复给一
个端主机发送哄骗消息,使这个主机申请重传丢失分组。假如时
间同步正确,那么攻击者可以削弱端主机数据交换能力甚至阻止
端主机交换数据,从而导致端主机浪费能量试图从实际上并不存
在的错误中恢复过来。一种对抗措施是要求认证端主机之间通
信的所有分组。假定认证方法本身是安全的,那么攻击者就不能
给端主机发送哄骗消息。

7.3　安全防护技术

一般情况下,无线传感器网络安全攻击来源于如下方面:被动的数据收集、节点的背叛、虚假节点、节点故障、节点能量耗尽、信息的破坏、拒绝服务以及流量分析等。因此,无线传感器网络的安全需求分为两个方面:通信安全需求和信息安全需求。通信安全主要是指入侵者无法轻易找到并毁坏各个节点,网络中的节点能够有效地抵御入侵者。信息安全就是要保证网络中传输信息的安全性,在于数据的保密性、完整性以及授权访问等。同时在应用时,传感器节点的数目成千甚至上万,如何有效地进行网络中的安全管理,在存储和能耗上与安全需求获得一个满意的结果是一个值得深入探讨的问题。

7.3.1　安全认证技术

安全认证是实现网络安全的一个关键技术,一般分为节点身份认证和信息认证两种。身份认证又称为实体认证,是接入控制的核心环节,是网络中的一方根据某种协议规范确认另一方身份并允许其做与身份对应的相关操作的过程。根据著名密码学专家 Menezes 的定义,身份认证是在网络中一方根据某种协议确认另一方身份的过程,为网络的接入提供安全准入机制,可以说是无线传感器网络的第一道屏障。信息认证主要是确认信息源的合法身份以及保证信息的完整性,防止非法节点发送、伪造和篡改信息。

无线传感器节点部署到工作区域之后,首先是初始化认证阶段,即邻居节点之间以及节点和基站之间的合法身份认证初始化工作,为所有节点接入这个自组织网络提供安全准入机制,通过认证即可成为可信任的合法节点。随着网络的运行,部分节点能量即将耗尽或已经耗尽,这些节点的"死亡"状况以主动通告或被动查询的方式反映到邻居节点并最终反馈到基站处,这些节点的身份 ID 将从合法节点列表中剔除。为防止敌方可能利用这些节点的身份信息发起冒充或伪造节点攻击,这个过程中的认证交互通信必须进行加密保护。此外,当某些节点被敌方俘获,这些节点同样必须被及时从合法列表中剔除并通告全网络。随着老节点能量耗尽以及不可靠节点被剔除,可能需要新的节点加入网络,新节点到位后要和周围的旧节点实现身份的双向安全认证,以防止敌方可能发起的节点冒充、伪造新节点、拒绝服务等攻击。

其次,随着工作进程,可能需要节点采集不同的数据信息,采集任务的更换命令一般由 Sink 或基站向周围广播发布,来自基站的控制信息要传达到每个节点需要通过节点间的多跳转发。在覆盖面积大、节点数量多的应用场景中,与普通节点一样,中转节点面临着被敌方窃听甚至被俘获的安全威胁,要确保信息转发过程的安全可靠,必须引入认证机制对控制信息发布源进行身份验证,确保信息的完整性,同时防止非法或"可疑"节点在控制信息的发布传递过程中伪造或对控制信息进行篡改。身份认证和控制信息认证过程都需要使用认证密钥。

应用场景及自身网络特点决定了无线传感器网络认证安全过程中的特殊性。传统网络以及无线自组网的认证方案并不能简单移植到无线传感器网络中。比较突出的约束因素有:

(1)无线传感网的无线通信、节点分散开放的网络环境。节点间的无线通信模式必然存在通信被窃听的可能,无人看守的部署环境同样也存在节点被俘获的可能性。

(2)节点自身的资源局限性。节点只能存放有限的数据,用于存储密钥材料的空间更为有限;单节点自身的计算能力有限,能用于建立安全通信的安全计算(单元功能函数、随机数生成函数、哈希运算等)资源更为有限。单节点自身电池能量的有限性决定了安全开销的能耗比例不能过高。

目前比较著名的认证协议有安全框架协议 SPINS(Security Protocols for Sensor Networks)和局部加密和认证协议 LEAP (Localized Encryption and Authentication Protocol)。

SPINS 的主要优点是存储密钥所需存储空间较少,在只和基站通信的情况下仅需存储一个主密钥,并且也不需要额外的通信代价。但节点间的安全通信需要付出比较高的代价,从该协议提供的协商过程来看至少需要广播 4 个协商包,且每个包的通信量比较大。然而 SPINS 中的 BTESLA 并没有考虑拒绝服务攻击问题,所以 SPINS 还不能成为无线传感器网络认证的最佳解决方案。

LEAP 是一个专为传感器网络设计的用来支持网内数据处理的密钥管理协议,该协议根据不同类型的信息交换需要有不同的安全要求,提出了分类密钥建立机制,即每个节点存储 4 种不同类型的密钥:与基站的共享密钥、相邻节点间的共享会话密钥、与簇头节点的共享密钥及与所有节点的共享密钥。该协议的通信开销和能量消耗都较低,且在密钥建立和更新的过程中能够最大限度减少基站的参与,避免了用对称密钥加密阻止其他节点的被动参与问题。

7.3.2 访问控制技术

无线传感器网络由大量具有感知能力的节点构成,以 Ad Hoc 方式自组成网,为用户提供数据的收集、处理、传输等服务。访问控制机制用于保护传感器网络的数据,控制合法用户的访问权限,禁止非法用户的访问,是传感器网络最基本的安全服务之一。

作为服务提供者,传感器网络负责监测环境,收集和存储监测数据。作为服务请求者,合法用户能够从传感器网络获取相应的数据。在传感器网络中,敌方能够威胁若干传感器节点,因此相应的访问控制和权限管理机制是必须的。衡量一个无线传感器网络中的访问控制机制的优劣,主要有两个技术指标,即安全性和网络开销。

1. 安全性

访问控制机制作为传感器网络的基本安全服务之一,必须能够验证用户的合法性。验证用户访问请求的新鲜性,准确判断用户请求的有效期及其访问的合法性。确保只有合法的用户才能访问授权的数据,才能够抵抗重放以及针对节点的 DoS 攻击。由于传感器网络中存在节点俘获攻击,攻击者俘获节点后可能会完全控制其行为,并恶意访问网络中的私密数据。因此,要求访问控制机制必须能够抵抗节点被攻击者所俘获后产生的恶意行为。无线通信易遭攻击者窃听、篡改甚至插入恶意信息,访问控制机制还需要将用户与节点以及节点间的通信全部加密,来保障通信数据的保密性和完整性。

2. 网络开销

网络开销是设计传感器网络协议时首要考虑的问题,主要包括通信开销、存储开销、计算开销等。在保证安全性的同时,也需要对造成的相应开销进行限制,否则无线传感器网络将难以负担。

现有的无线传感器网络访问控制机制大致可以分为三类。

(1)基于公钥密码体制的访问控制策略。Benenson 等提出能够抵抗节点捕获攻击的分布式机制,Jiang 等提出基于 SCK 密码系统的机制,Wang 等提出基于现实攻击模型的分布式机制。该类机制存在开销大,认证延迟长,对于 DoS 攻击非常脆弱的缺点。

(2)基于对称密码体制的访问控制策略。Baneriee 等提出完全基于对称密码学的访问控制机制,Zhang 等提出一系列限制和撤销用户权限的机制,Maccari 等提出基于门限密码的访问控制机制。该类机制的特点是运算效率较高,没有引入额外开销,但是需要密钥预分配技术的支撑。

(3)其他类型的访问控制策略。Yoon 等提出能够保护用户隐私的用户认证方案,Woon 等提出动态的用户认证方案,这两类方案都提供了访问控制策略。

7.3.3　安全通信与路由技术

安全路由协议作为传感器网络系统通信中尤为重要的环节,是制约无线传感器网络应用的关键。无线传感器网络自身存在的一些特性却为安全路由协议的设计和实现带来了挑战。这就使得一些现有的网络安全路由算法不能直接应用于无线传感器网络中,需要重新设计路由安全机制和策略。

尽管无线传感器网络研究领域已经提出了很多种路由协议,如基于能量的路由协议、基于查询的路由协议、基于位置信息的路由协议和基于数据可靠的路由协议,但是这些路由协议基本上都没有考虑安全问题,然而在无线传感器网络所有的安全问题中,路由的安全最为重要。一个无线传感器网络节点不仅是一个主机,而且是一个路由器。无线传感器网络路由协议的首要任务是在一对节点中建立正确、有效的路由,实时地发送消息。如果路由被误导,整个网络可能陷于瘫痪。无线传感器网络中主要的路由协议容易遭受的攻击,如表 7-1 所示。[①]

---

① 王汝传,孙力娟.无线传感器网络技术及其应用.北京:人民邮电出版社,2011:117－121

表 7-1　无线传感器网络主要路由协议可能遭受的攻击汇总

路由协议类型	可能遭受的攻击类型
基于能量的路由协议	虚假路由信息、选择性转发、Hello 消息洪泛攻击、Sink-Hole
基于查询的路由协议	虚假路由信息、选择性转发、Hello 消息洪泛攻击、Sybile 攻击、SinkHole
基于位置的路由协议	虚假路由信息、选择性转发、环路攻击、Sybile 攻击、Sink-Hole
基于数据可靠的路由协议	虚假路由信息、Hello 消息洪泛攻击、Sybile 攻击
Leach 分层结构路由协议	选择性转发、Hello 消息洪泛攻击、Sybile 攻击

　　针对于无线传感器网络面临的一系列安全问题,Rahul C. Shah 等在 2002 年提出了一种能量多路径路由机制。该机制在源节点和目的节点之间建立多条路径,根据路径上节点的通信能量消耗以及节点的剩余能量情况,给每条路径赋予一定的选择概率,并且将数据进行分片,在多条路径上传输,使得数据传输均衡消耗整个网络的能量,延长网络的生存期,而目的节点仅需要部分数据包分片就可以复原完整的数据信息。Rahul C. Shah 提出的能量多路径路由综合考虑了通信路径上的能量消耗和剩余能量,延长网络生存期的同时,又防止了数据传输途中由于节点失效所导致的丢包对数据完整性的影响。

　　在无线传感器网络中,数据包的转发以及路由等基本功能都是通过网络中节点的合作完成的,节点的这种合作性引发了多种类型的攻击,如虚假路由消息和选择性转发等,为了防止此类节点合作性攻击的影响,许多研究者都提出了在路由协议中引入信誉评价机制,由节点对自己周围节点的行为进行监测并评价,将数据包尽可能地由信誉较高的节点进行转发,尽最大概率地避免数据经过恶意节点,并且期望能够及早发现恶意节点的存在。

　　由于许多路由攻击经常依靠虚假路由信息来破坏整个网络中的路由拓扑结构,为了防止此类虚假路由信息,可对网络路由攻击进行分析，提出有效的节点身份认证的思想。节点之间的相互认证，能够在路由建立过程中，防止非法节点参与路由，假冒其他合法节点，以及修改、伪造消息等攻击。由于资源受限等因素，数字签名等资源开销较大的认证方式在无线传感器网络中无法使用，取而代之的是基于节点 ID 的身份验证机制。基于 ID 的认证体制，用户不需要使用公钥证书，直接可以使用自身的 ID 号与 Hash 函数相结合，达到轻量级的目标。

传感器网络路由协议的安全性需要在设计协议之初就考虑周全，而不是在现有路由协议的基础上对安全性进行改进，这种改进将或多或少的存在安全隐患。随着技术的不断发展和传感器应用的不断展开，路由协议的安全性问题将会得到进一步的解决。

7.3.4 安全定位与时钟同步技术

在传感器网络中，节点信息对传感器网络的监测活动至关重要，其中，节点的位置信息对多数传感器网络应用的有效性起着关键作用。在无线传感器网络的多数应用中，监测到事件之后关心的一个重要问题就是该事件发生的位置（如森林火灾的现场位置、战场上敌方车辆运动的区域、天然气管道泄漏的具体地点等）。传感器网络必须依赖节点位置建立网络的空间关系，并依此报告监测事件，这是进一步采取措施和做出决策的基础。如前所述，定位信息除了用来报告事件发生的地点外，还能够用于目标跟踪，实时监视目标的行动路线，预测目标的前进轨迹；节点的位置信息也是提供位置协助路由等网络功能的重要基础。即便如此，传感器网络的开放性和无人看护性使节点的定位过程极易受到来自恶意节点的攻击。

目前大多数定位算法均假设网络运行在可信赖环境中，很少研究存在恶意攻击时节点的定位算法。当无线传感器网络应用于军事领域时,用于定位的信标节点在被俘获的情况下有可能报告虚假的位置信息,或者用于定位的参数(节点间的距离、跳数等)有可能被干扰,以上两种情况都将降低节点定位精度,甚至不能实现定位。

在已有的定位算法中,定位系统本身并不提供身份认证和加密机制来验证节点的合法性。对于无需测距的算法,如果在节点定位的过程中外部恶意节点伪装成信标节点,或者信标节点之间的通信链路受到恶意节点的破坏,其结果势必会对节点的定位精度产生很大的影响。伪装成信标节点的恶意攻击叫伪装攻击。伪装攻击是指在定位算法进行定位的过程中,由于节点之间主要以广播的方式进行通信,因此外部恶意节点可以伪装成网络中的锚节点,向网络中广播伪造的位置消息。未知节点在收到伪造的位置消息后,就会产生错误的定位估计(定位误差扩大或者减小)。对于这种安全威胁,往往采用的措施是在定位算法中引入加密和认证的机制,对所有接收的消息进行认证,通过认证的消息则接收,没有的则直接丢弃。原有的 APIT 定位方法就可通过加入信标节点身份验证和加密方法增加安全性。

在无线传感器网络中,不同的节点都有自己的本地时钟。由于不同节点的硬件条件不尽相同,以及温度变化和电磁波干扰等,即使在某个时刻所有节点都达到了时间同步,也会由于种种因素的干扰使事件逐渐产生偏差,而无线传感器网络中的协同工作则需要节点间的时间同步。如前所述,时间同步涉及物理时间和逻辑时间两个不同的概念。物理时间表示和人类社会相同的绝对时间;逻辑时间表示事件发生的顺序关系,是一个相对概念。通常一个无线传感器网络需要一个表示整个网络系统时间的全局时间,全局时间可以根据需要使用物理时间或逻辑时间。时间同步算法中有的已达到了微秒级的同步精度,但这些算法都未考虑安全性问题。

目前对时间同步的攻击主要有两类,同时也阐述了其安全解决方案。

1. 构造虚假信息

构造虚假信息主要分为两种，即修改时间信息和报告虚假信息，如 TPSN 中攻击者谎报自己在树中的层次号以及 FTSP 中攻击者宣布自己为根节点，并广播虚假的更新信息。对于虚假信息可以采用加密认证的方法。为防止攻击者成为根节点并发送虚假的时间更新，使用认证机制，如 μTESLA 会让根节点与其他节点共享不同的密钥，用这些密钥来认证同步更新。对 TPSN 中的情况，采用加密的方法，让同步节点间共享一对密钥，且树中的每个下层节点与其所有父节点共享密钥。对 FTSP 中的情况，采用选取一部分节点轮流作为根节点的方法，让网络中每个节点都与这个集合中的节点共享一对密钥。

2. 延迟攻击(Delay Attack)

目前对时间同步的攻击多为延迟攻击，该方法通过任意的延迟来影响节点的时间信息。针对这种攻击目前已经采用的措施有 H. Song 等提出的两节点模型和邻节点模型，还有 S. Ganeriwal 等为防止这种攻击而提出的一系列安全同步协议。两节点模型适合于 RBS 中广播域内节点。通过收集一组相对于域内其他所有节点的偏移，在这个偏移集合上探测和排除恶意时间偏移并获得一个更精确的偏移估计。邻节点模型适用于节点与邻节点同步以相互协作。让节点的每个邻节点轮流作为参照点收集一组时间偏移，以检测攻击者。这两种模型都需要通过某种方法识别出攻击者。为此又提出了两种攻击探测方法，即 GESD 和 Threshold-based 延迟攻击探测，后者在探测率和开销上都优于前者。为避免延迟攻击对成对同步的影响，S. Ganeriwal 等提出了一系列安全时间同步协议，包括单跳安全成对同步 SPS，多跳同步协议 SOM、SDM 和 STM，安全的组同步协议 L-SGS 和

SGS。SPS 采用消息认证和共享密钥来确保消息的完整性和真实性;通过最大期望延迟来丢弃偏大的延迟,从而排除 Pulse-delay 攻击,增加了算法的安全性,但也有可能导致拒绝时钟同步服务。其他几个协议是 SPS 协议在多跳和组间的扩展形式,这一系列算法对同步精度影响不是很大,除 SPS 外同步开销都比较大。同时,它们也是目前比较完整的安全时间同步协议,但该系列协议只能满足时钟的瞬时同步,不适合长期同步。另外,还可以采用合适的过滤方法来排除攻击者。使用节点计算偏差的长期趋势作为近似值来得到敌方可能导致的误差上界。如果节点从邻节点收到的更新产生的偏差和偏移远大于相应的近似值则忽略,并使用该近似值。此外,还应当阻止那些被怀疑为受威胁节点的信息。

7.3.5　入侵检测、容侵容错技术

在敌对的环境中,如果没有正确的安全措施,敌方会使用各种各样的攻击方式,阻碍无线传感器网络的正常工作,从而破坏网络部署。前面已经介绍了一些无线传感器网络的安全机制,如密钥管理、身份认证和安全路由等技术,这些安全方案的提出增强了无线传感器网络的安全性,但它们只是被动的防范措施,缺乏对入侵的自适应能力。入侵检测是安全防范的第二道防线,一旦入侵被检测到,整个网络就能够及时产生反应以减少损失。因此,在无线传感器网络环境下对入侵检测技术进行研究具有较大的意义。

在有线网络中已证明,安全的网络应该具备深度防御(Defense-in-depth)功能。入侵检测作为一种积极主动的深度防护技术,可以通过检测网络流量或主机运行状态来发现各种恶意入侵并做出响应。从数据获取手段上来看,入侵检测可分为基于网络(Network-based)和基于主机(Host-based)两种方式;按采用的检

测技术又可分为基于误用的检测(Misuse-based)和基于异常的检测(Anomaly-based)。

无线传感器网络由于受自身能量、带宽、处理能力和存储能力等因素的限制,使得入侵检测系统(Intrusion Detection System,IDS)的组织结构需要根据其特定的应用环境进行设计。在已提出的体系结构中,按照检测节点间的关系(如是否存在数据交换、是否进行相互协作等)可以大致分为以下 3 种类型。

1. 分治而立的检测体系

为减少通信消耗,早期的无线传感器网络 IDS 只在某些关键节点中安装入侵检测程序,各自独立地进行入侵检测。各检测节点地位平等、作用相同,既采集数据又进行检测分析,节点之间不存在相互交流与合作,所采取的检测方法可以不同,检测结果最终只是通知基站(Base Station)而不会告知其他的检测节点。

例如,Onat 等提出的分布式异常检测架构。其假定在每个节点中嵌入一个检测引擎,用于统计邻居节点发送报文时的能量和分组到达速率两种特征值。对于来自特定邻居节点 i 的数据包,检测节点都维护一个大小为 N 的接收缓冲区,用于记录接收能量损耗,并及时更新 min 和 max 损耗值。由于攻击报文具有明显不同于正常报文的能量及速率,如果某个接收包能量损耗值位于[min,max]外或收到一串与预定义异常模式匹配的数据包,则可判断出此邻居节点异常。检测节点广播报警信息,通知基站进行异常处理。Deng 等解决了在数据传递过程中,检测节点如何过滤掉伪造和重放数据包的问题。其核心思想是构建基于路径的入侵检测体系,即在传递路径中随机选择若干个节点,每个检测节点会生成和维护一个单向 Hash 链表,用于实现简单的数据源身份鉴别,来防范路由中的 DoS 攻击。

采用分治而立体系结构的优点是实现和部署简单,但其局限性也非常明显。由于各检测节点独立工作,缺乏相互协作,使得同一区域内产生了大量冗余的感知信息,浪费了节点的能量资源,而且各检测节点只有本地数据,对于覆盖整个网络的攻击,检测则会比较迟钝。

2. 对等合作的检测体系

在无线传感器网络中,信息传输一般都采用广播方式,节点可以自由检测流经邻居节点的数据。利用这个特点,提出了对等合作的入侵检测体系。该体系结构的构建思想为:各检测节点首先独立地进行入侵检测,在检测某些特殊入侵需要寻求节点间合作时,节点通过交换检测信息,共同裁决入侵检测结果。对等合作的检测体系能够综合利用各个节点共同检测到入侵信息,并将各个节点间的信息进行平等交互。其检测能力与分治而立的体系相比有了提高,但仍存在一些弊端:①要求一定区域内多数节点都必须安装运行 IDS,当安全威胁较小时,会造成资源重复;②节点间的每次合作都需要广播传递大量信息,如果合作请求发起频繁,将严重影响网络流量。

3. 层次的检测体系

由于无线传感器网络存在能量约束,为了尽可能地减少每个节点都运行检测引擎以及节点间相互合作所产生的通信开销,提出了层次式入侵检测体系。其构建核心思想是将无线传感器网络中的节点按功能进行层次划分:底层的节点负责初级的数据感应任务;高层的节点则担负着数据融合和数据分析等工作。

层次结构能够最大限度地利用审计数据,提供更高的准确性,同时可以有效地减少开销,目前提出的入侵检测系统一般都倾向于选择这种体系。层次结构在节省能量、提高信息准确度的同时,是以牺牲其他方面的性能为代价的。首先,在数据传送过程中,需进行等待、过滤、融合等操作,这些都可能增加网络的平均延迟;其次,中间节点对数据进行聚合虽然可以大幅度降低数据的冗余性,但是如果丢失等量数据则可能损失更多的检测信息,相对而言降低了网络的鲁棒性。

无线传感器网络中的入侵检测的研究还存在许多亟待解决的问题,尤其体现在以下方面:

(1)如何减少检测的能耗。已有的一些入侵检测系统都致力于提高检测算法的准确率,而没有深入考虑资源受限制情况下检测节点的能耗问题。如何以较小的能耗代价获得更高的检测准确率,是入侵检测技术在无线传感器网络中能否走向实用的关键。

(2)如何提高检测容错性。当前大部分入侵检测系统为了简化问题,一般都假定无线传感器网络运作在理想信道中。而实际上节点大都部署在恶劣环境下,同时受成本和能耗的限制,传感器精度一般较低,加之其采用的无线广播机制,使得节点间的通信更容易受到干扰并产生错误数据。因此,系统研究 IDS 的容错性,应尽量使其在实际部署环境中能够有效地从非正常数据流中鉴别出攻击数据。

(3)如何保障检测节点的自身安全。由于无线传感器网络的特殊性,其节点更易于被俘获。目前无线传感器网络中大部分关于入侵检测的研究,对检测节点的自身安全问题均未提及。如何实现检测节点间的相互信任和通信保密,防止伪造检测数据,减少检测节点被俘获所造成的负面影响,还需要进行大量的理论研究和实验工作。

7.4　安全发展趋势

物联网概念的提出,将所有的物品通过射频识别(RFID)、红外感应器、全球定位系统、激光扫描器等信息传感设备与互联网连接起来，进行信息交换和通信，实现智能化识别、定位、跟踪、监控和管理。物联网把新一代 IT 技术充分运用在各行各业之中，使人们的日常生活发生翻天覆地的变化。无线传感器网络作为物联网感知层的一部分，主要负责对环境和物体的监控，因此在物联网环境下，无线传感器网络的安全面临新的挑战，其安全问题主要有以下 5 个方面。

1. 本地安全问题

随着现代科学技术及工艺水平的提高，传感器节点的硬件功能更为强大，制造成本不断降低，并且各个节点的通信半径、存储空间等存在差异。因此在可执行多种任务的异构无线传感器网络中，需要改进传统的安全算法，以适应异构型的网络，减少节点的能耗，增强网络的生存能力。

2. 信息保护问题

感知网络中节点所感知的信息多种多样，从温度测量到水文监控，从道路导航到自动控制，所传输的数据不仅有标量数据，还有多媒体数据，它们的数据传输和消息也没有特定的标准，所以难以提供统一的安全保护体系。

3. 信息传输问题

物联网中的数据信息庞大，而无线传感器节点以集群的方式存在，因此在数据传输时，传感器节点由于存储空间有限，容易造成网络的阻塞，产生拒绝服务攻击。而现有的通信网络的安全架构都是从人通信的角度设计的，并不适用于机器通信。

4. 业务安全问题

由于无线传感器网络常部署在无人看守的地区，因此在物联网中提供数据服务时,如何对用户的身份进行认证,以及远程签约等问题变得尤为困难。需要一个强大而统一的安全管理平台统一庞大且多样化的物联网,然而这样割裂了网络与业务平台之间的信任关系,导致新一轮安全问题的产生。

5.物联网的隐私保护问题

由于物联网实现了感知层、网络层和应用层的融合,将物与物、物与人、人与人有机地结合起来,实现了感知、探测、采集、融合、传输和计算控制为一体的网络架构,人或物体的一些隐私数据必然具备更广阔的获取途径,例如用医疗传感器节点来主动采集人的生理数据。如何在不影响物联网正常运转的情况下来保护一些隐私数据不被非法地窃听、篡改和恶意传播,便成为物联网安全机制中新的挑战。

传统的网络中,网络层的安全和业务层的安全是相互独立的,就如同领导间的交流方式与秘书间的交流方式是不同的。而物联网的特殊安全问题很大一部分是由于物联网是在现有移动网络基础上集成了无线传感器网络和应用平台带来的,也就是说,领导与秘书合二为一了。因此,移动网络或无线传感器网络的大部分机制仍然可以适用于物联网并能够提供一定的安全性,如认证机制、加密机制等。但还需要根据物联网的特点对安全机制进行调整和补充。

目前物联网的发展还处于初级阶段,更多的时候只是一种概念,其具体的实现结构等内容还有待在实践中建构。因此,关于物联网的安全机制也是无线传感器网络时代走入物联网时代的关键问题。

第8章 无线传感器网络的典型应用研究

无线传感器网络可以由形式多样的传感器组成，它们可以监控下列复杂多变的环境条件，如温度、湿度、车辆运动、突发条件、压力、土壤成分、噪声等级、某种物体的存在或消失、附着在物体上的机械压力等级和当前特征如速度、方向和物体的大小。无线传感器网络的特性奠定了它在许多方面都有重要应用，如军事、农业、环境监测、医疗卫生和智能交通等。随着传感器技术、无线通信技术、计算技术的不断发展和完善，各种传感器网络将遍布我们的生活环境。

8.1 在军事方面的应用

无线传感器网络的研究起源于军事，因此在军事领域中的应用非常广泛。例如，在 2003 年联合国维和部队进入伊拉克，综合使用了商用间谍卫星和超微型感应的传感器网络，对伊拉克的空气、水和土壤进行连续不断的监测，以确定伊拉克有无违反国际公约的核武器和生化武器。信息技术正推动着一场新的军事变革，信息化战争要求作战系统"看得明、反应快、打得准"，谁在信息的获取、传输、处理上占据优势（取得制信息权），谁就能掌握战争的主动权。无线传感器网络以其独特的优势，能在多种场合下满足军事信息获取的实时性、准确性、全面性等需求。

无线传感器网络可以协助实现有效的战场态势感知,满足作战力量"知己知彼"的要求。典型设想是用飞行器将大量微传感器节点散布在战场的广阔地域,这些节点自组成网,将战场上的信息边收集、边传输、边融合,为各参战单位提供"各取所需"的情报服务。

无线传感器网络还可为火控和制导系统提供准确的目标定位信息。网络嵌入式系统技术(Network Embed System Technology,NEST)战场应用实验是美国国防高级研究计划局主导的一个项目,它应用了大量的微型传感器、先进的传感器融合算法、自定位技术等方面的成果。2003 年,该项目成功地验证了能够准确定位敌方狙击手的无线传感器网络技术,它采用多个廉价的音频传感器协同定位敌方射手,并标识在所有参战人员的个人计算机中,三维空间的定位精度可达到 1.5m,定位延迟达到 2s,甚至能显示出敌方射手采用跪姿和站姿射击的差异。[1]

无线传感器网络还可在对付化学武器方面发挥重要作用。美国 Cyrano Sciences 公司已将化学剂检测和数据解释组合到一种专有的芯片技术中,称为 Cyrano Nose Chip。基于这一技术可创建一个低成本的化学传感器系统,捕获和解释数据,并提供实时告警。该系统在前端使用一个 C320 手持传感器负责收集有关化学剂的数据。该传感器建有与后端笔记本电脑的无线连接,电脑上运行着远程监控和服务器过程。该系统使用 IBM 公司的无线通信设备 WebSphere MQ Everyplace 来传输数据。这个手持设备还可以小型化为微小节点,部署到监测环境中去,形成自主工作的无线传感器网络。

由于无线传感器网络具有密集型、随机分布的特点,因此非常适合应用于恶劣的战场环境中,包括侦察敌情,监控兵力、装备

---

① 李善仓,张克旺.无线传感器网络原理与应用.北京:机械工业出版社,2008:15

和物资,判断生物化学攻击等多方面用途。例如,友军兵力、装备、弹药调配的监视;战区监控;敌方军力的侦察;目标追踪;战争损伤评估;核、生物和化学攻击的探测与侦察等。

无线传感器网络在军事应用方面的巨大作用,引起了世界许多国家的军事部门、工业界和学术界的极大关注。美国自然科学基金委员会 2003 年制定了无线传感器网络研究计划,投资34000000 美元支持相关基础理论的研究。美国国防部和各军事部门都对无线传感器网络给予了高度重视,在 C4ISR 的基础上提出了 C4KISR 计划,强调战场情报的感知能力、信息的综合能力和信息的利用能力,把无线传感器网络作为一个重要研究领域,设立了一系列的军事无线传感器网络研究项目。美国英特尔公司、微软公司也开始了无线传感器网络方面的工作,纷纷设立或启动相应的行动计划。日本、英国、意大利、巴西等国家也对无线传感器网络表现出了极大的兴趣,纷纷展开了该领域的研究工作。

无线传感器网络的典型应用模式可分为两类,一类是传感器节点监测环境状态的变化或事件的发生,将发生的事件或变化的状态报告给管理中心;一类是由管理中心发布命令给某一区域的传感器节点,传感器节点执行命令并返回相应的监测数据。与之对应的,无线传感器网络的通信模式也主要有两种,一是传感器将采集到的数据传输到管理中心,称为多到一通信模式;一是管理中心向区域内的传感器节点发布命令,称为一到多通信模式。前一种通信模式的数据量大,后一种则相对较小。

在这里收集了目前一些西方国家(主要是美国)在无线传感器网络军事应用方面的主要研究。

1. 智能微尘

智能微尘是一个具有计算机功能的超微型传感器,它由微处理器、无线电收发装置和使它们能够组成一个无线网络的软件共同组成。将一些"微尘"散放在一定范围内,它们就能够相互定位、收集数据并向基站传递信息。近几年,由于硅片技术和生产工艺的突飞猛进,集成有传感器、计算电路、双向无线通信模块和供电模块的"微尘"器件的体积已经缩小到了沙粒般大小,但它却包含了从信息收集、信息处理到信息发送所必需的全部部件。未来的智能微尘甚至可以悬浮在空中几个小时,进行信息的搜集、处理、发射,它能够仅依靠微型电池工作多年。智能微尘的远程传感器芯片能够跟踪敌人的军事行动,可以把大量智能微尘装在宣传品、子弹或炮弹中,在目标地点撒落下去,形成严密的监视网络,敌国的军事力量和人员、物资的流动自然一清二楚。

2.灵巧传感器网络

"灵巧传感器网络"(Smart Sensor Web,SSW)是美国陆军提出的针对网络中心战的需求所开发的新型传感器网络。其基本思想是在战场上布设大量的传感器以收集和中继信息,并对相关原始数据进行过滤,然后再把那些重要的信息传送到各数据融合中心,从而将大量的信息集成为一幅战场全景图,当参战人员需要时可分发给他们,使其对战场态势的感知能力大大提高。SSW系统作为一个军事战术工具可向战场指挥员提供一个从大型传感器矩阵中得来的动态更新的数据库,并及时向相关作战人员提供实时或近实时的战场信息,包括通过有人和无人驾驶的地面车辆、无人驾驶飞机、空中、海上及卫星中得到的高分辨率数字地图、三维地形特征、多重频谱图形等信息。

该系统软件将采用预先制定的标准来解读传感器的内容,将它们与诸如公路、建筑、天气、单元位置等前后相关信息,以及由其他传感器输入的信息相互关联,从而为交战网络提供诸如开火、装甲车的行动以及爆炸等触发传感器的真实事件的实时信息。SSW系统是关于传感器基于网络平台的集成,这种集成是通过主体交互作用来实现的。例如,一个被触发的传感器主体可能会要求在其范围内激活其他传感器,达到对前后相关信息的澄清和确认,该信息同来自气候或武器层的 SSW 中的信息相结合,就生成一幅有关作战环境的全景图。

3.无人值守地面传感器群

美国陆军近期确立了"无人值守地面传感器群"项目,其主要目标是使基层部队指挥员具有在他们所希望部署传感器的任何地方灵活地部署传感器的能力。该项目是美国支持陆军"更广阔视野"的 3 个项目之一。

4.战场环境侦察与监视系统

美国陆军最近确立了"战场环境侦察与监视系统"项目。该系统是一个智能化传感器网络,可以更为详尽、准确地探测到精确信息,如一些特殊地形地域的特种信息(登陆作战中敌方岸滩的翔实地理特征信息,丛林地带的地面坚硬度、干湿度)等,为更准确地制定战斗行动方案提供情报依据。它通过"数字化路标"作为传输工具,为各作战平台与单位提供"各取所需"的情报服务,使情报侦察与获取能力产生质的飞跃。该系统组由散布型微传感器网络系统、机载和车载型侦察与探测设备等构成。

5.传感器组网系统

美国海军最近也确立了"传感器组网系统"研究项目,传感器组网系统的核心是一套实时数据库管理系统。该系统可以利用现有的通信机制对从战术级到战略级的传感器信息进行管理,而管理工作只需通过一台专用的商用便携机即可,不需要其他专用设备。该系统以现有的带宽进行通信,并可协调来自地面和空中监视传感器以及太空监视设备的信息,该系统可以部署到各级指挥单位。

6.网状传感器系统

美国海军最近开展的网状传感器系统——CEC（Cooperative Engagement Capability）是一项革命性的技术。CEC是一个无线网络，其感知数据是原始的雷达数据。该系统适用于舰船或飞机战斗群携带的电脑进行感知数据的处理，每艘战船不但依赖于自己的雷达，还依靠其他战船或者装载CEC的战机来获取感知数据。例如，一艘战船除了从自己的雷达获取数据以外，还从舰船战斗群的20个以上的雷达中获取数据，也可以从鸟瞰战场的战机上获取数据。空中的传感器负责侦察更大范围的低空目标，这些传感器也是网络中重要的一部分。利用这些数据合成图片具有很高的精度，由于CEC可以从多方面探测目标，极大地提高了测量精度。利用CEC数据可以准确地击中目标。CEC还可以快速而准确地跟踪混乱战争环境中的敌机和导弹，使战船可以击中多个地平线或地平线以上近海面飞行的超声波目标。因此，即使是今天最先进的反舰巡航导弹也会被实时地监测到并被击中。

7.C4ISRT系统

无线传感器网络的研究直接推动了以网络技术为核心的新军事革命，诞生了网络中心战的思想和体系。传感器网络将会成为C4ISRT（Command, Control, Communication, Computing, Intelligence, Surveillance, Reconnaissance and Targeting）系统不可或缺的一部分。C4ISRT系统的目标是利用先进的高科技技术，为未来的现代化战争设计一个集命令、控制、通信、计算、智能、监视、侦察和定位于一体的战场指挥系统，受到了军事发达国家的普遍重视。

因为无线传感器网络是由密集型、低成本、随机分布的节点组成的，自组织性和容错能力使其不会因为某些节点在恶意攻击中的损坏而导致整个系统的崩溃，这一点是传统的传感器技术所无法比拟的,也正是这一点,使无线传感器网络非常适合应用于恶劣的战场环境中,包括监控我军兵力、装备和物资,监视冲突区,侦察敌方地形和布防,定位攻击目标,评估损失,侦察和探测核、生物和化学的攻击。

在战场上,指挥员往往需要及时准确地了解部队、武器装备和军用物资供给的情况,铺设的传感器将采集相应的信息,并通过汇聚节点将数据送至指挥所,再转发到指挥部,最后融合来自各战场的数据形成我军完备的战区态势图。

在战争中,对冲突区和军事要地的监视也是至关重要。当然,也可以直接将传感器节点撒向敌方阵地,在敌方还未来得及反应时迅速收集利于作战的信息。无线传感器网络也可以为火控和制导系统提供准确的目标定位信息。在生物和化学战中,利用无线传感器网络及时、准确地探测爆炸中心将会为我军提供宝贵的反应时间,从而最大可能地减小伤亡。无线传感器网络也可避免核反应部队直接暴露在核辐射的环境中。[①]

在军事应用中,与独立的卫星和地面雷达系统相比,无线传感器网络的潜在优势表现在以下方面:

(1)分布节点中多角度和多方位信息的综合有效地提高了信噪比,这一直是卫星和雷达这类独立系统难以克服的技术问题之一。

(2)无线传感器网络低成本、高冗余的设计原则为整个系统提供了较强的容错能力。

(3)传感器节点与探测目标的近距离接触大大消除了环境噪声对系统性能的影响。

(4)节点中多种传感器的混合应用有利于提高探测的性能指标。

---

① 周贤伟,覃伯平,徐福华.无线传感器网络与安全.北京:国防工业出版社,2007:7－9

（5）多节点联合，形成覆盖面积较大的实时探测区域。

（6）借助于个别具有移动能力的节点对网络拓扑结构的调整能力，可以有效地消除探测区域内的阴影和盲点。

8. NASA/JPL（喷气推进实验室）传感器网

计划始于1997年，NASA（美国航空航天局）对传感器网的兴趣源自他们本希望在行星上部署这样一个网络，而不是地球。NASA喷气推进实验室的八位工程师组成的团队正致力于新一代无线传感器网络的开发。用这样一个网络来帮助控制环境和工业过程的潜力非常大。根据NASA/JPL传感器网的设计可以把对许多环境的监控和控制扩展到许多领域，包括农业和生态学、安全和国土防御，也包括太空探索。目前为止，传感器网只是以监控角色进行部署，不过其技术的核心概念已被证明可靠。现在该科研小组正在进行实验，将无线传感器网络的功能从单纯监控扩展到对周围环境做出反应并进行控制。

9. 防生化网络

2002年5月，美国Sandia国家实验室与美国能源部合作，共同研究能够尽早发现以地铁、车站等场所为目标的生化武器袭击，并及时采取防范对策的系统。该研究属于美国能源部恐怖对策项目的重要一环。该系统融检测有毒气体的化学传感器和网络技术于一体，安装在车站的传感器一旦检测到某种有害物质，就会自动向管理中心通报，自动进行引导旅客避难的广播，并封锁有关入口等。该系统除了能够在专用管理中心进行监视之外，还可以通过互联网进行远程监视。

10. 沙地直线系统

2003年8月，俄亥俄州科研人员开发了"沙地直线"系统（A Line in the Sand），这是一种无线传感器网络系统。在美国国防高级研究计划局的资助下,这个系统能够散射电子绊网到任何地方,也就是到整个战场,以侦测运动着的高金属含量目标。这种能力意味着一个特殊的军事用途,例如侦察和定位敌军坦克和其他车辆。这项技术有着广泛的应用可能,正如所提及的这些现象,它不仅可以感觉到运动的或静止的金属,而且可以感觉到声音、光线、温度、化学物品以及动植物的生理特征。

11. 目标定位网络嵌入式系统技术

目标定位网络嵌入式系统技术(NEST)战场应用实验是美国国防高级研究计划主导的一个项目,它将实现系统和信息处理融合。项目的定量目标是建立包括 10～100 万个计算节点的可靠、实时、分布式应用网络,这些节点包括连接传感器和作动器的物理和信息系统部件。基础嵌入式系统技术节点采用现场可编程门阵列(FPGA)模式。该项目应用了大量的微型传感器、微电子、先进传感器融合算法、自定位技术和信息技术方面的成果,项目的长期目标是实现传感器信息的网络中心分布和融合,显著提高作战态势感知能力。

12. 先进布放式系统、濒海机载超光谱传感器和远程微光成像系统

美国海军已经选定多种水下系统和无人操作系统,这些系统将于 2008 年进行试验,以促进服役装备的现代化计划。美国海军还选定了要开展的若干技术研究项目,分别应用于反潜战中的高优先领域、水下通信及无人潜航器。

对于反潜战,美国海军将对三种系统进行试验,使目前服役的装备形成一个水下无线传感器网络,能够快速有效地侦察敌方潜艇。它们是先进布放式系统(ADS)、濒海机载超光谱传感器(LASH)和远程微光成像系统。ADS 是一种被动水下声学传感器网络,它可以提供实时信息,在濒海区域监视敌方潜艇和水面

舰艇。该系统由洛克希德·马丁公司研制,美海军计划把它部署在未来的濒海作战舰上。LASH 系统利用非声超光谱传感器提供近实时的目标探测、分类和识别,用于反潜战、搜索和营救,以及区域绘图。而非声 RULLI 系统采用光子密度测量法来探测微光条件下和黑暗中的物体。在改善水下通信的速度和深度方面,将从以下 4 个项目对技术进行测试:海洋网络/子数据链 2004 (SeaWeb/Sublink 2004)、战术控制网络水声信息链(TCN Hail)、一次性系索浮标和先进声通信系统。

对现役装备来说,"海洋网"是一种可自由部署的水下网络系统。它可以提供水下指挥、控制、通信和导航,采用"远程声呐调制解调器",能够利用固定或移动的水下节点通过声传播来实现通信。

通信的速度和深度对于潜艇的发展来说至关重要,特别是改善了潜艇只能在海洋表面或潜望镜深度以内才可以通过卫星的无线电频率通信的问题。同样,TCN Hail 也是利用声学技术,而利用无线电通信频率的"一次性系索浮标"正在被发展成为供低成本的系索浮标系统,可为潜航的潜艇提供实时通信。

总之,无线传感器网络源于军事应用,在军事应用中也是最成熟的。以上所述是到目前为止对美国无线传感器网络在军事应用方面进行的初步总结,相信在不远的未来无线传感器网络在军事方面的应用将更加重要。

8.2　在农业方面的应用

我国是农业大国,农作物的优质高产对国家的经济发展意义重大。在这些方面传感器网络有着卓越的优势,可以用于监视农作物灌溉情况、土壤空气变化、牲畜和家禽的环境状况以及大面积的地表检测等,以便及时获取措施,消灭病虫害,调整土壤的酸碱度,有效施肥,促进农作物生长。

信息的获取、传输、处理、应用是数字农业研究的四大要素。先进传感技术和智能信息处理是保证正确地定量获取农业信息的重要手段。无线传感器网络为农业领域的信息采集与处理提供了新思路,弥补了以往传统数据监控的缺点,已经成为现代大农业的研究热点。

借助传感器网络可以实时向农业机构提供土壤、作物生理生态与生长的信息以及有害物、病虫害监测报警,帮助农民及时发现问题,真正实现无处不在的数字农业,因而在设施农业、节水灌溉、精准农业、畜牧业、林草业等方面具有广阔的应用前景。

最近新闻媒体报道了一些大型的传感器网络应用工程项目,例如韩国济州岛的智能渔场系统,主要是实现了自动收集渔场饲养环境的参数,确定投放饲料的数量。

北京市大兴区菊花生产基地使用无线传感器网络,采集日光温室和土壤的温湿度参数,提高了菊花生产的管理水平,使得生产成本至少下降了25%。他们采用克尔斯博公司提供的产品,这个公司是全球最大的传感器网络产品制造商。如图8-1所示,其为温室生产智能控制与管理系统,它以先进的平板计算机为核心,以无线数据采集控制模块为结点,实施数据的采集和设备的控制。[①]

沈阳玫瑰园采用传感器网络设备,实现了整个玫瑰花观光温室参数的自动采集。

另外,研究人员把传感器结点布放在葡萄园内,测量葡萄园气候的细微变化。因为葡萄园气候的细微变化可以极大地影响葡萄的质量,进而影响葡萄酒的质量。通过长年的数据记录和相

---

① 崔逊学,左从菊.无线传感器网络简明教程.北京:清华大学出版社,2009:18—19

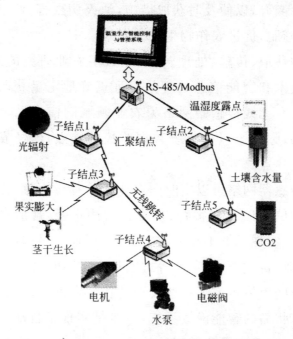

图 8-1　温室生产智能控制与管理系统

关分析,就能精确地掌握葡萄酒的质地与葡萄生长过程中的日照、温度和湿度的确切关系。

　　还有一个非常有趣的研究项目。在牛的脖子上套上无线传感器网络节点,当牛接近围栏时,上面的电子装置探测到有牛接近围栏,随机模拟出驱赶牛的声音,防止牛跑出电子桩划定的放牧区域,这样放牧人便可以坐在家中轻松自在地喝咖啡看电视。

8.3　在环境监测方面的应用

　　随着社会的快速发展,环境保护越来越引起人们的重视,但是传统方式下获取环境数据是很困难的,无线传感器的发展为环境研究和检测提供了便利的条件。

无线传感器网络在环境监测方面有着广泛的应用,如建筑环境中的火灾预警,水文水利环境的标志性物理参量的监测,环境保护的监控,农业和林业环境的监测,海洋、大气和土壤的成分监测等,都属于环境监测的范畴。

对环境中的某些物理参数(如温度、湿度度、压力等)进行实时监测,利用无线通信方式将测量的数据传回监控中心,由监控中心根据这些参数实时了解环境信息,如果出现异常的情况,监控中心则做出相应的决策。单个传感器节点采集环境信息的能力是有限的,通常是将许多微小型传感器节点进行区域分布组成无线传感器网络,以对感兴趣的环境进行智能化的不间断的数据采集实现监测。由于传感器节点具有一定的计算能力和存储能力,故可以对给定的区域环境进行较为复杂的监测。例如,生物学家借助无线传感器网络对美国大鸭岛上海燕生活习性的监测,采用带有摄像头的无线传感器网络节点,对海燕的各种生活状况做细微的观测,取得了大量宝贵的数据。2005 年,澳洲的科学家利用传感器网络来监测北澳大利亚的蟾蜍的分布情况。由于蟾蜍的叫声响亮而独特,因此利用声音作为监测特征比较有效。采集到的信号在节点上就地处理,然后将处理后的少数结果数据发回给控制中心。

应用于环境监测的传感器网络,一般具有部署简单、便宜、长期不需要更换电池、无需派人现场维护的优点。通过密集的节点布置,可以观察到微观的环境因素。

1. 地震灾害监测

地震是由地壳变化释放能量在地表形成机械波传递的现象,因此安置在地表的振动传感器可以用来检测地震的发生和强度。四川汶川的地震强度 8 级,以及后续的各次余震都是通过地震局汇聚部署在各地的振动传感器采集信息,再还原为地震中心点的振动数据得出的。

美国海洋学家斯蒂文·黑尔于 1996 年提出了所谓的"拉马德雷"现象。"拉马德雷"是一种高空气压流,也被称为"太平洋十年涛动","拉马德雷"高空气压流交替以暖位相和冷位相两种形式出现在太平洋上空,每种现象持续 20～30 年。学者指出:近 100 多年来,"拉马德雷"高空气压流已出现了两个完整的周期。当"拉马德雷"现象以暖位相形式出现时,北美大陆附近海面的水温就会异常升高,而北太平洋洋面温度却异常下降。与此同时,太平洋高空气流由美洲和亚洲两大陆向太平洋中央移动,低空气流正好相反,使中太平洋海面升高。当"拉马德雷"以冷位相形式出现时,情况正好相反。中太平洋海面反复升降导致地壳跷跷板运动,引发强烈的地震活动。通过对全球的高等级的强震记录所做的分析,发现高等级的强烈地震与"拉马德雷"冷位相的发生过程有着很有规律性的关联关系。自 1889 年以来,全球发生大于等于 8.5 级高等级地震共 18 次,在 2000—2005 年已发生 2 次。研究表明,"拉马德雷"冷位相时期是全球强震的集中爆发时期。2000 年开始进入了拉马德雷冷位相时期,根据拉马德雷冷位相将持续 20～30 年的规律,这一轮的拉马德雷冷位相将从 2000 年持续到 2030 年左右。也就是说:2000—2030 年左右是全球强震爆发时期。2008 年发生的汶川地震又是在该轮拉马德雷冷位相时期中发生的一次破坏性极大的特大地震。学者们分析:汶川地震后的形势与唐山地震后的形势完全不同,唐山地震表明中国地震活跃期的结束,唐山地震所在地震活跃周期是从 1966 年邢台地震开始的。而四川汶川地震不同,按照"拉马德雷"冷位相的地震关联理论,汶川地震仅仅是新一轮中国地震活跃期的开始,持续 10—17 年,与全球特大地震周期 2004～2018 年相重合。

在 2008 年汶川地震后,新闻报道:日本启用了地震预警系统,其主要功能与作用是在侦测到地震波后约 4s 发出第一个警告信号,自动触发通信模块,以最快的速度将发生地震的警报发送出去,向公众报警,尽量争取地震在脚下发生前有一个相对较长的预警处置时间,最大限度地减少人员伤亡。日本科研人员开发的地震预警系统,主要是为了预先警告可以自动关闭的核能发电厂、铁路以及其他基础设施;在地震发生时减少伤亡,提高自救等工作。[①]

地震监测网络由于部署地点确定,使用有线监测方式是较为合适的选择。但是在应急情况下,可以随时部署获取数据的无线地震监测网络在余震频繁发生的情况下是很好的解决方案。地震发生时发出的机械波的传播速度远远慢于无线电波的传播速度。距离震中越远,由于地震机械波和发出告警的无线电波传播的距离差越大,人员获得的预警时间就越充分。尤其对于余震频繁发生的环境,部署无线传感器地震监测网络能够发挥非常重要的作用。美国哈佛大学在 2008 年部署了一套类似的应急地震监测系统,主要部署在火山地区用来监测因火山爆发而导致的地震信息。系统采用无线传感器节点,监测微型加速度计传送的微弱振动信息。节点以火山口为中心径向部署,间隔数百米部署一个节点。在部署完毕后可以监测出地震沿径向传播各点的振动信息。业内人士已经形成共识:采用无线传感器网络进行余震监测和震后应急补充部署将具有重要的意义。

2. 大型城市的地震报警系统

部分工业化国家减灾防震的工作从地震预测转向了地震发生后的快速报警。对于大型城市以及特大型城市来讲,发展高效能的地震预警系统有着重大的意义。在大型城市以及特大型城市所在区域发生高等级的破坏性地震危害极大。使用各种综合技术措施来建立地震预警系统,对于保障大型城市以及特大型城市人员生命安全和减小财产损失是一种有效的保障措施。

一个对特大型城市进行地震预警的无线传感器地震监测网

---

①　张少军.无线传感器网络技术及应用.北京:中国电力出版社,2010:181—184

络系统结构如图 8-2 所示。

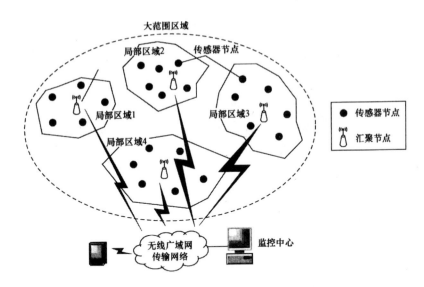

图 8-2　无线传感器地震监测网络系统结构

在图中,各个局部地区部署了传感器网络,不过此处的传感器网络的组成内容较为灵活,既有有线的传感器节点,也有无线的传感器节点,传感器节点不是单一的种类,除了能够监测震动的传感器以外,还有对大范围的地形发生形变进行监测的传感器。一旦发生地震,监测震动的传感器立即通过无线或有线的方式将采集震情信号送给汇聚节点,汇聚节点则通过无线广域网迅速将震情预警警报传送到远端的监控中心以及大量的移动终端持有者。

发生地震前,常常会产生地表地形发生大面积的变形或地下水水位发生突变等现象,监测大范围地形形变的传感器群的工作情况如图 8-3 所示。

在图 8-3 中,波束发出装置和波束接收传感器之间的距离比较远,在较大范围内监测地震前的地面地表的形变。监测波束发出装置持续地直线发出射束,该射束可以使用低功率的激光光束,也可以是红外光束。被监测面积较大,才能监测到较大范围的地表地形形变。当没有发生地表地形形变时,波束接收传感器

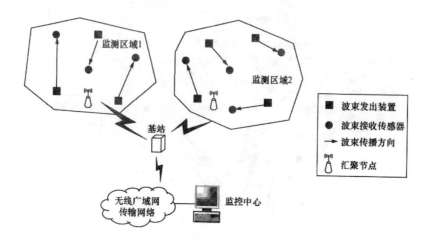

图 8-3　一个监测大范围地形形变的传感器群工作情况

能正常地接受波束发出装置发出的波束,如果发生地震前的地表地形形变,波束接收传感器就接受到波束了。如果同时数个被监测区域都发生了这种情况,或被监测区域发生这种情况的几率高于某个临界值,触发报警系统,立刻大范围报警。这种报警系统利用无线广域网传输地震警情信号,也可以利用互联网传送地震警情信号,可以快速大范围地为大量的人员提供地震预警警报。

3.山体滑坡监测

在中国南部地区的一些大型城市中,居民人口众多,同时要求土地有较高的利用率,大量建筑和道路都位于山区附近。但由于中国南部地区降雨量常年偏高,尤其在每年夏季的梅雨季节,会出现大量的降水。不稳定的山地地貌在受到雨水侵蚀后,容易产生山体滑坡现象,对居民生命财产安全造成巨大的威胁。通过部署方式灵活、工作稳定的系统对山体滑坡进行监测和预警,无线传感器网络就是很好的选择。监测区域往往是偏僻的山间,缺乏道路,野外布线、电源供给等都受到限制,部署有线系统困难。此外,部署有线方式的监测系统需要专人定时前往监测点下载数据,灵活性和操作性都较差。

部署无线传感器山体滑坡监测网络可以较好地对山体滑坡进行预警通报。山体滑坡的监测主要依靠两种传感器的作用,液位传感器以及倾角传感器。在监测区域,沿着山势走向竖直设置多个孔洞,每个孔洞都会在最下端部署一个液位传感器,对该点的液位进行监测;在不同深度部署数个倾角传感器,对该点的地形坡度倾角进行监测。地下水位深度成为是否会发生山体滑坡危险的第一判据。该数据由部署在孔洞最下端的液位深度传感器采集并由无线方式发送给汇聚节点。山体往往由多层土壤或岩石组成,不同层次间由于物理构成和侵蚀程度不同,其运动速度不同。不同深度的倾角传感器将会监测山体的运动状况。在无线网络获取到各个倾角传感器的数据后,通过数据融合处理,专业人员就可以据此判断出山体滑坡的趋势和强度,并判断其威胁性大小。

4. 森林火灾监测

因为传感器节点可以有策略地、任意地、密集地布置在深林中,所以传感器节点能够在火势蔓延到无法控制之前将准确的火源信息中继传输给端用户。可以布置数百万个传感器节点,全部采用无线/光系统。此外,可以给传感器节点设置有效的功率提取法,比如太阳能电池,这是因为传感器节点可以无绳工作数个月甚至几年时间,各个传感器节点相互协作,共同执行分布式感知任务,克服障碍物(如树木、岩石),障碍物阻碍有线传感器的视距通信。

5. 洪水监测

通过在水坝、山区中关键地点合理地布置一些水压、土壤湿度等传感器,可以在洪灾到来之前发布预警信息,从而及时排除险情或者减少损失。

洪水监测的一个例子是美国开发的 ALERT 系统。ALERT

系统中布置了三类传感器:降雨量传感器、水位传感器、气候传感器。这些传感器按照预定方式给中心数据库系统发送信息。许多研究项目,比如美国康奈尔大学的美洲豹装置数据库项目、Rutgers 的数据库项目,研究了传感器场中传感器相互间的分布式交付方法,以便提供快速查询和长期查询。

6. 火山监测

无线传感器网络还在火山监测中发挥出了意想不到的效用。哈佛大学 Mate Wel 领导的研究小组利用无线传感器网络对活火山 Volcan Tungurahua 进行了持续观测,节点采集的次声波数据被实时传回离火山十多千米远的监测站,而且监测站还可以远程控制各网络节点。在传统观测模式下,只能事先放置好观测节点,等火山喷发告一段落后,取回节点,读出数据。相比而言,无线传感器网络为这种特殊的监测任务增添了更多可控性,降低了试验的危险性。

7. 环境的生物复杂性测绘

环境的生物复杂性测绘需要复杂方法来综合随着时间和空间而变化的信息。远距离感知与自动化数据收集技术的进步已经使人们能够以每单位面积几何下降的成本寻求更好的空间、频谱、时间的解决方案。随着这些技术的进步,传感器节点也将能够连接互联网,允许远端用户控制、监视、观察环境的生物复杂性。

卫星和航空传感器适用于观测宽广的生物多样性(比如支配植物种类的空间复杂性),但是不够精细,不能观测生态系统中的微小生物多样性。因此,需要在地面布置无线传感器节点,用于观测生物多样性。例如,在南加利福尼亚州詹姆士预备队研制了环境生物复杂性测绘,实现了三个监视栅格网,每个栅格网由 25～100 个传感器节点组成,用做固定观测多媒体和环境传感器数据记录器。

8. 冰河监测

为更好地了解地球气候的变化,挪威科学家利用无线传感器网络监测 冰河的变化情况,目的在于通过分析冰河环境的变化来推断地球气候的变化。在没有基础设施支持的冰河中进行观测试验,无线传感器网络成了最佳选择。网络节点被埋在冰床下面,深浅各不相同,节点除了可以测量压力和温度等基本参数外,还装备了特殊的传感器用来测方向,冰面上作为簇头的节点安装有 GPS 来定位,各簇头通过 GSM 链路将监测数据传回基站。本项目的一个技术难点是如何在水中和冰里提供可靠的无线通信支持。[①]

9. 环境与栖息地的监测

环境与栖息地的监测是无线传感器网络的一种当然应用,这是因为被监测的变量(比如温度)通常分散在一个大区域中。例如,最近起建于美国洛杉矶的嵌入式网络传感中心重点研究环境与栖息地监视问题。环境传感器用于研究植物对气候趋势和疾病的反应,声学传感器、成像传感器用于识别、跟踪、测量鸟群和其他物种的数量。至于大系统,比如巴西政府发起的亚马逊警戒系统(System for Vigilance of the Amazon,SIVAM)提供亚马逊盆地的环境监视、毒品交易监视、空中交通控制,这个庞大的无线传感器网络由相互连接在一起的不同类型的传感器组成,包括雷达、成像传感器、环境传感器。成像传感器是空间传感器,雷达安装在航空器上,大多数环境传感器布置在地面。连接传感器的通信网络按照不同速度工作。例如,高速网络将传感器连接到卫星

---

① 　李晓维.无线传感器网络技术.北京:北京理工大学出版社,2007:9—10

和航空器上,而低速网络连接地面传感器。①

8.4　在医疗卫生方面的应用

无线传感器网络在医疗卫生方面的应用包括远程监视人体生理数据、跟踪和监视医院内的病人和医生、辅助老人、联系伤残人员、病人综合监视、诊断、医院药物管理、监视昆虫或者其他小动物的运动和内部过程。可佩戴传感器、可植入传感器能够连续不停地监视病人的各种状况,从而能够缩短获取病人检查结果所需的时间,对病人恢复快慢有直接关系。对于挫伤病人,医师作出迅速而精确诊断以及正确医治方法特别重要。远程监视也能够进行远程治疗检验、在远端位置上开始治疗,辅助事故地点、灾害地点的精确定位。

1.人体生理数据的远程监视

通过无线传感器网络收集到的生理数据可以存储较长时间,并可以长时间地对病人的生理指标连续监测,可以获得大量的一手参数,并对新药物的研制提供重要参考,而且无线传感器网络常用于医学研究。无线传感器网络可以监视和察觉老人的行为,比如摔跤。小型传感器节点使得人们具有较大自由移动度,允许医生提前识别预定的症状,有助于提高人们生活质量(相对于治疗中心)。法国东南部的格勒诺布尔市医学院设计的"健康智能之家"验证了这种系统的可行性。

2.医院内部医生和病人的跟踪和监视

每个病人配备微小轻型传感器节点。每个传感器节点有其

---

① 陈林星.无线传感器网络技术与应用.北京:电子工业出版社,2009:369－370

专门的任务。例如,一个传感器节点用于探测心脏跳数,另一个传感器节点用于探测血压。这样医生就可以随时了解被监护病人的病情,以便及时进行相应处理。每个医生也可以配备一个传感器节点,以便保持与病人和其他医生的联络,这也非常有利于及时救助病人。

3. 医院药物管理

假如传感器节点能够与药物治疗连接,那么错误治疗病人、给病人开错药的机会可以降到最低程度。这是因为,病人配备的传感器节点能够确定其反应和所需要的治疗。相关文献描述的计算机系统已经表明:无线传感器网络能够帮助实现将错用药物事件降到最低程度。

人工视网膜是一项生物医学的应用项目。在 SSIM(Smart Sensors and Integrated Microsystems)计划中,替代视网膜的芯片由 100 个微型的传感器组成,并置入人眼,目的是使得失明者或者视力极差者能够恢复到一个可以接受的视力水平。传感器的无线通信满足反馈控制的需要,有利于图像的识别和确认。[①]

美国 Intel 公司研制的家庭护理的传感器网络系统是美国"应对老龄化社会技术项目"的一个环节。该系统在鞋、家具和家用电器等设施内嵌入传感器,帮助老年人以及患者、残障人士独立地进行家庭生活,在必要时由医务人员、社会工作者进行帮助。

8.5　在智能交通方面的应用

交通传感网是智能交通系统的重要组成,因其美好的应用前

---

① 孙利民,李建中,陈渝等. 无线传感器网络.北京:清华大学出版社,2005:12

景而受到学术界和工业界的高度关注。在国内目前各种探测技术日趋成熟和硬件成本大幅度下降的基础上,传感器网络在现代交通系统中得到了很大的应用。应用范围主要涉及监控交通枢纽和高速公路的运行状况,统计通过的车数和某类车辆出现的频度等数据,提供交通运行信息为决策者服务。目前中国科学院的研究人员在该领域已经取得了突破性的成果,并进行了大规模的应用展示。

中科院沈阳自动化所开展了基于无线传感器网络的高速公路交通监控系统的研究。该项技术可以弥补传统设备如图像监视系统在能见度低、路面结冰等情况下,无法对高速路段进行有效监控的问题,也可克服因为关闭高速公路而产生的影响交通以及阻碍人们出行等的负面因素。另外,对一些天气突变性强的地区,该项技术能极大地帮助降低汽车追尾等恶性交通事故。

据报道,中科院上海微系统与信息技术研究所联合上海市多家高校、研究所共同承担的"无线传感器网络关键技术攻关及其在道路交通中的应用示范研究"项目,提出了末梢微网、中层传感网、接入网三级带状传感网的体系构架,攻克了交通传感网的协同模式识别算法体系及多元数据源的交通综合信息融合技术,并研制了一系列道路状态信息检测无线传感器结点,如声震无线传感器网络车辆检测结点、车辆扰动检测结点、日夜自动转换视频车辆检测器、路面温湿度、积水、结冰、光照度、烟雾、噪声检测器等多种结点。

该项目的科研成果及产品正逐步推向市场,其中远距离高速中程无线传感器网络在浦东国际机场六国峰会安保工程无线传输系统、嘉兴市港航局数字化河道无线传感网络指挥管理系统中得到应用;声震无线传感器网络车辆检测结点已经列入浦东机场防入侵系统设计方案中,并通过了实验验证;多种无线传感器网络车辆检测结点已经在济南高速公路、合肥市主干道、昆明市智能交通建设中通过了测试验证。[①]

　　美国交通部计划采用"国家智能交通系统"。该系统将使用传感器网络进行有效的交通管理,不仅可以使汽车按照一定的速度行驶、前后车距自动地保持一定的距离,而且还可以提供有关道路堵塞的最新消息,推荐最佳行车路线以及提醒驾驶员避免交通事故等。由于该系统将应用大量的传感器与各种车辆保持联系,人们可以利用计算机来监视每一辆汽车的运行状况,如制动质量、发动机调速时间等。根据具体情况,计算机可以自动进行调整,使车辆保持在高效低耗的最佳运行状态,并就潜在的故障发出警告或直接与事故抢救中心取得联系。

　　除用于交通控制和管理之外,无线传感器网络还可用于监测桥梁、高架桥、高速公路等道路环境。许多老旧的桥梁、桥墩长期受到水流的冲刷,将传感器放置在桥墩底部可以监测桥墩结构;也可放置在桥梁两侧或底部,搜集桥梁的温度、湿度、震动幅度、桥墩被侵蚀程度等,从而减少因断桥造成的生命财产损失。

---

① 崔逊学,左从菊.无线传感器网络简明教程.北京:清华大学出版社,2009:19-20

参考文献

[1]郑军,张宝贤.无线传感器网络技术.北京:机械工业出版社,2012.

[2]张少军.无线传感器网络技术及应用.北京:中国电力出版社,2010.

[3]周贤伟,覃伯平,徐福华.无线传感器网络与安全.北京:国防工业出版社,2007.

[4]杜晓通等.无线传感器网络技术与工程应用.北京:机械工业出版社,2010.

[5]孙利民,李建中,陈渝等.无线传感器网络.北京:清华大学出版社,2005.

[6]许力.无线传感器网络的安全和优化.北京:电子工业出版社,2010.

[7]陈林星.无线传感器网络技术与应用.北京:电子工业出版社,2009.

[8]李善仓,张克旺.无线传感器网络原理与应用.北京:机械工业出版社,2008.

[9]李晓维.无线传感器网络技术.北京:北京理工大学出版社,2007.

[10]王殊,阎毓杰,胡福平等.无线传感器网络的理论及应用.北京:北京航空航天大学出版社,2007.

[11]唐宏,谢静,鲁玉芳等.无线传感器网络原理及应用.北京:人民邮电出版社,2010.

[12]许力.无线传感器网络的安全和优化.北京:电子工业出版社,2010.

[13]王汝传,孙力娟.无线传感器网络技术及其应用.北京:人民邮电出版社,2011.

[14]王汝传,孙力娟.无线传感器网络技术导论.北京:清华大学出版社,2012.

[15]于宏毅,李鸥,张效义等.无线传感器网络理论、技术与实现.北京:国防工业出版社,2010.

[16]陈敏,王擘,李军华等.无线传感器网络原理与实践.北京:化学工业出版社,2011.

[17]刘伟荣,何云.物联网与无线传感器网络.北京:电子工业出版社,2013.